W0257209

WERKSTATTBÜCHER

FÜR BETRIEBSBEAMTE, KONSTRUKTEURE UND FACHARBEITER
HERAUSGEGEBEN VON DR.-ING. H. HAAKE, HAMBURG

Jedes Heft 50—70 Seiten stark, mit zahlreichen Textabbildungen

---

Die Werkstattbücher behandeln das Gesamtgebiet der Werkstattstechnik in kurzen selbständigen Einzeldarstellungen; anerkannte Fachleute und tüchtige Praktiker bieten hier das Beste aus ihrem Arbeitsfeld, um ihre Fachgenossen schnell und gründlich in die Betriebspraxis einzuführen.

Die Werkstattbücher stehen wissenschaftlich und betriebstechnisch auf der Höhe, sind dabei aber im besten Sinne gemeinverständlich, so daß alle im Betrieb und auch im Büro Tätigen, vom vorwärtsstrebenden Facharbeiter bis zum leitenden Ingenieur, Nutzen aus ihnen ziehen können.

Indem die Sammlung so den Einzelnen zu fördern sucht, wird sie dem Betrieb als Ganzem nutzen und damit auch der deutschen technischen Arbeit im Wettbewerb der Völker.

(Fortsetzung 3. Umschlagseite)

WERKSTATTBÜCHER
FÜR BETRIEBSBEAMTE, KONSTRUKTEURE UND FACH-
ARBEITER. HERAUSGEBER DR.-ING. H. HAAKE, HAMBURG
HEFT 16

Senken und Reiben

Von

Ing. Josef Dinnebier
Berlin

Vierte Auflage
(22. bis 27. Tausend)

Unter Mitarbeit von
Professor Dr.-Ing. habil. **H. Schallbroch**, München

Mit 211 Abbildungen im Text

Springer-Verlag
Berlin/Göttingen/Heidelberg
1950

Inhaltsverzeichnis.

Alle Rechte, insbesondere das der Übersetzung in fremde Sprachen, vorbehalten.

ISBN-13: 978-3-540-01512-3   e-ISBN-13: 978-3-642-88168-8
DOI: 10.1007/978-3-642-88168-8

I. Senken und Flanschendrehen[1].

Der Senker ist in der Senkrecht- und Waagerechtbohrerei sowie in der Dreherei und Revolverdreherei ein unentbehrliches Werkzeug und wird fast so oft gebraucht wie der Spiralbohrer. Er dient zum Einsenken von Schraubenköpfen, Ansenken von Nabenflächen, Aufsenken vorgebohrter oder vorgegossener Löcher und Einsenken profilierter Vertiefungen.

Die Senker werden mit und ohne Führungszapfen hergestellt. Unter die Senker mit Führungszapfen im weiteren Sinn fallen auch die Messerstangen. Senker ohne Führungszapfen werden fast nur zum Aufsenken benutzt.

A. Zapfensenker.

1. Zapfensenker mit festen Führungszapfen. Die älteste Ausführung des Zapfensenkers ist der zweischneidige Senker Abb. 1. Diese Senker werden geschmiedet, Außendurchmesser und Führungszapfen werden angedreht. Um einen besseren Schnittwinkel zu erhalten, wird oberhalb der Schnittkante eine Hohlkehle eingefeilt. Dadurch erreicht man, wie bei den Spitzbohrern (s. Heft 15 „Bohren", 3. Aufl., S. 10 u. 11), daß der Schnittwinkel $\delta < 90^0$ ist, während der Winkel δ' ohne die Hohlkehle $> 90^0$ wäre. Damit die Schneide an der Rückenfläche frei schneidet, macht man $\alpha \approx 10^0$, und damit der Senker an den Seitenflächen nicht drückt, macht man $\alpha_s = 5 \cdots 10^0$. Diese Senker haben den Nachteil, daß die Schneide nur schlecht ausgenutzt werden kann: Ist sie abgenutzt, muß

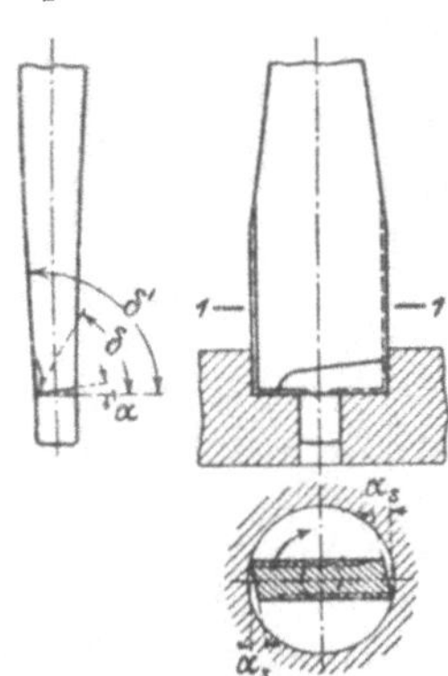

Abb. 1.
Zweischneidiger Zapfensenker.

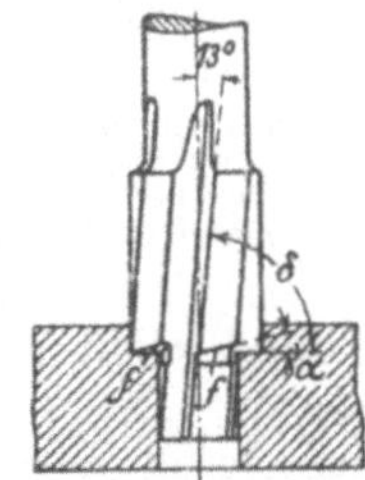

Abb. 2. Vierschneidiger Zapfensenker.

der Senker ausgeglüht und nachgearbeitet werden.

Abb. 2 und 3 zeigen die neuere Ausführung des vierschneidigen Senkers.

Abb. 3. Vierschneidiger Zapfensenker (Löwe Werkzeugmaschinen AG., Berlin).

Wie der Spiralbohrer wird dieser Senker nur an der Zahnrückenfläche, der Freifläche f, nachgeschliffen, so daß er ohne andere Nacharbeit sehr weit ausgenutzt werden kann. Die Schnittspirale wird statt wie beim Spiralbohrer unter 30^0 unter etwa $13^0 \cdots 15^0$ gegen die Achse eingefräst, so daß sich ein Schnittwinkel δ von etwa $77^0 \cdots 75^0$ ergibt. Der Freiwinkel (Hinterschleifwinkel) α ist $\approx 8^0$.

Alle Zapfensenker dieser Ausführung haben den Nachteil, daß der Zapfen beim Scharfschleifen eingeschliffen wird und dadurch seine Führung verliert (Abb. 4), so daß der Senker nach öfterem Schleifen für

Abb. 4. Nachgeschliffener Zapfensenker.

dünne Platten nicht mehr verwendet werden kann. Bis zu einer gewissen Größe ist jedoch keine andere Ausführung möglich.

---

[1] Die erste Auflage dieses Heftes erschien 1925, die zweite Auflage 1936, die dritte 1943.

1*

2. Zapfensenker mit auswechselbaren Führungszapfen (Abb. 5) haben den Vorteil, daß sie weitgehender verwendbar und leichter zu schleifen sind. Der Führungszapfen ist auswechselbar und kann verschiedene Durchmesser haben; beim

Abb. 5. Senker mit auswechselbaren Führungszapfen (Löwe).

Schleifen wird er entfernt, wodurch die Arbeit sehr erleichtert wird. Diese Ausführung ist von 12 mm Kopfdurchmesser an bequem herzustellen. Sie eignet sich zum Einsenken von Schraubenköpfen und Anschneiden von Naben (Abb. 6).

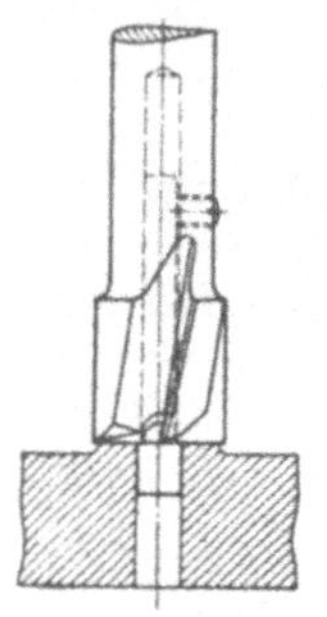

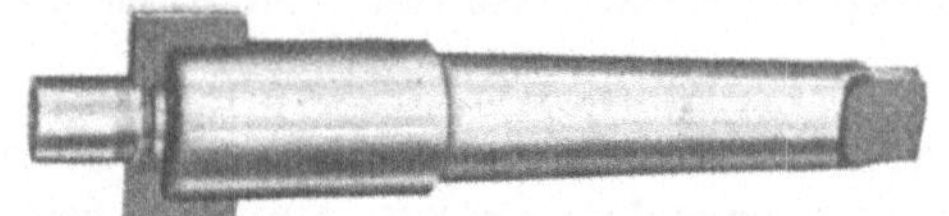

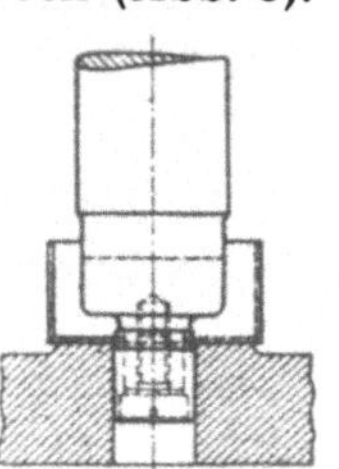

Abb. 7. Zapfensenker mit auswechselbarem Messer und Führungsbüchse.

3. Zapfensenker mit auswechselbarem Messer und Führungsbüchse (Abb. 7) dienen für größere Einsenkungen von 35 mm Durchmesser an, werden jedoch hauptsächlich zum Nabenanschneiden (Abb. 8) benutzt. Messer und Führungsbüchse sind auswechselbar, wodurch der Senker für verschieden große Einsenkungen bei verschiedenen Bohrungen verwendbar wird.

Abb. 8. Zapfensenker Abb. 7 in Arbeitsstellung.

Abb. 6. Zapfensenker mit auswechselbaren Führungszapfen.

Seine Leistungsfähigkeit ist jedoch begrenzt, da das Messer schwach ist und leicht bricht. Zum Schleifen wird es in eine besondere Vorrichtung eingesetzt. Die dünnwandige Führungsbüchse muß Laufsitzpassung haben, da sie sich durch die bei der Reibung entstehende Wärme ausdehnt und deshalb bei engerem Sitz leicht festfressen und zerbrechen würde.

B. Aufstecksenker.

4. Einseitige Aufstecksenker zum Nabenanschneiden mit auswechselbaren Führungszapfen (Abb. 9) bestehen aus drei Teilen: dem eigentlichen Senker, dem Halter und dem Führungszapfen. Senker und Führungszapfen sind auswechselbar, so daß sie für Halter in verschiedenen Größen verwendet werden können. Ebenso kann der Kegel des Halters verschieden groß sein. Die Senker können bis zu einem Durchmesser von 100 mm hergestellt werden. Ihre Leistungsfähigkeit ist gegenüber den Senkern Abb. 7 und den Messerstangen sehr groß und wird bei Verwendung von Schnellschnittstahl noch bedeutend erhöht. Brüche sind fast ausgeschlossen, wodurch die Instandhaltung bedeutend erleichtert wird. Das Schleifen der Schneidkanten ist sehr einfach (s. S. 18). Die Senker werden hauptsächlichst zum Ansenken von Nabenflächen, Auflageflächen von Bolzen und Muttern usw. benutzt, sind aber auch, sofern sie seitlich gezahnt werden, für Einsenkungen verwendbar.

5. Doppelseitige Aufstecksenker zum Nabenanschneiden (Abb. 10) bestehen aus dem Senkerkopf und einem Halter, der zugleich Führungsstange ist. Der Halter hat eine Längsnut mit seitlichen Einfräsungen, die in Verbindung mit einer kräftigen Zapfenschraube im Senker einen Bajonettverschluß bilden, wodurch Mitnahme und leichtes Auswechseln des Senkers gesichert sind. Mit diesem Senker

kann man von vorne und von rückwärts anschneiden, ohne das Arbeitsstück um-
zuspannen (Abb. 11). Weiter kann man innere und äußere Naben anschneiden

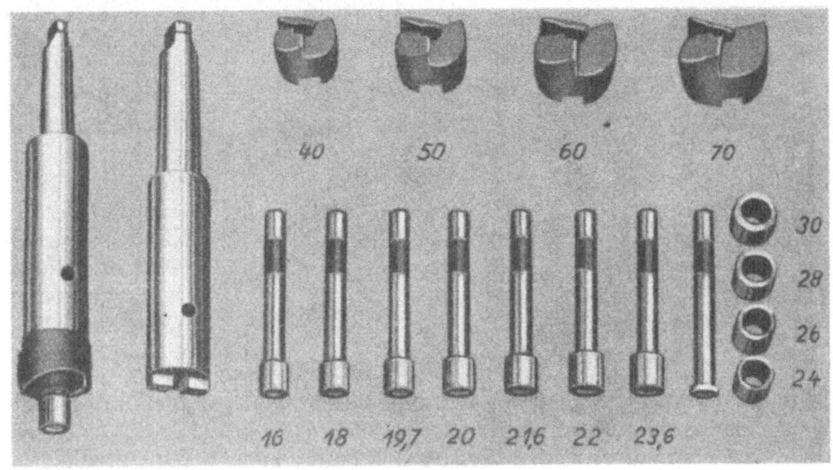

Abb. 9. Zusammengesetzter Zapfensenker.

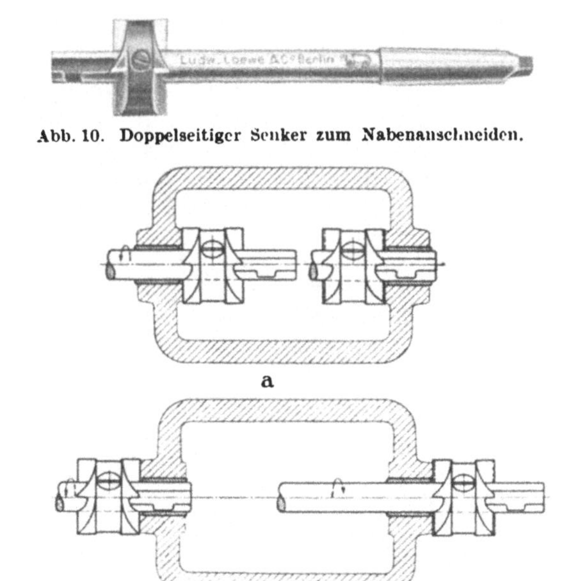

Abb. 10. Doppelseitiger Senker zum Nabenanschneiden.

a

b

Abb. 12. Anschneiden der inneren (a) und äußeren (b) Naben.

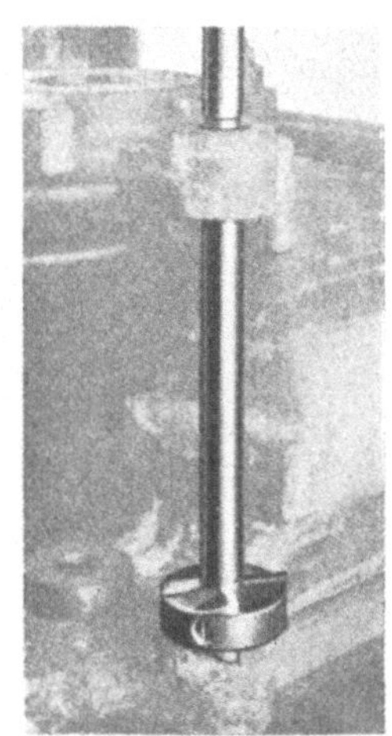

Abb. 11. Senker in Anwendung.

(Abb. 12), ohne das Werkzeug
auszuwechseln, wie es bei Messerstangen nötig ist. Auf
einem Halter können Senker
verschiedener Größe verwendet werden. Die Leistungsfähigkeit ist infolge der Starr-
heit, des leichten und schnellen Auswechselns und der Vielseitigkeit bedeutend
höher als bei der Messerstange (s. S. 7). Der Senkerkopf wird vorteilhaft aus

Schnellstahl hergestellt. Für Senkungen in engen Zwischenräumen (Abb. 13) können auch einseitige Senker verwendet werden. Zum Vorschruppen, besonders bei hartem Werkstoff, empfiehlt es sich, die Schneidkanten zu neigen (Abb. 14), da sie so leichter eindringen und bei Guß die harte Kruste besser abschneiden. Die Senker sind sehr einfach zu schleifen (s. S. 18). Sie werden hauptsächlich nur zum Nabenanschneiden und für Einsenkungen von geringer Tiefe benutzt.

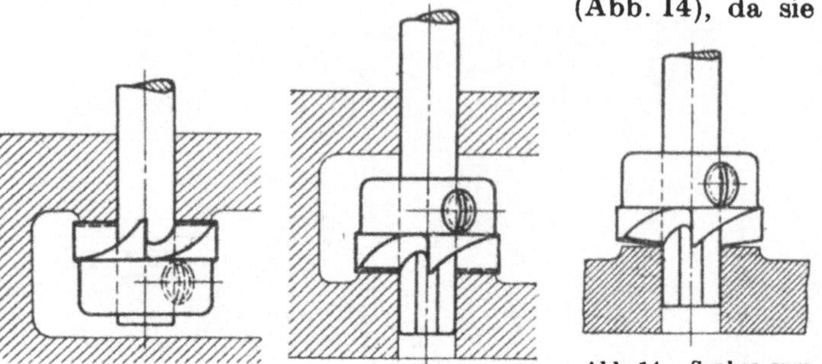

Abb. 13. Einseitiger Senker.

Abb. 14. Senker zum Vorschruppen.

C. Anschlagsenker.

6. Anschlagsenker zum Nabenanschneiden (Abb. 15) werden hauptsächlich bei Bohrvorrichtungen benutzt, um gleichmäßige Tiefen·ansenken zu können. An den Schaft des Senkers ist ein Gewinde geschnitten, auf dem zwei Muttern eingestellt werden können. In der richtigen Entfernung werden die Muttern gegeneinander festgezogen, um ein Lösen beim Senken zu verhindern. An Stelle der Muttern kann auch ein Klemmring auf den zylin-

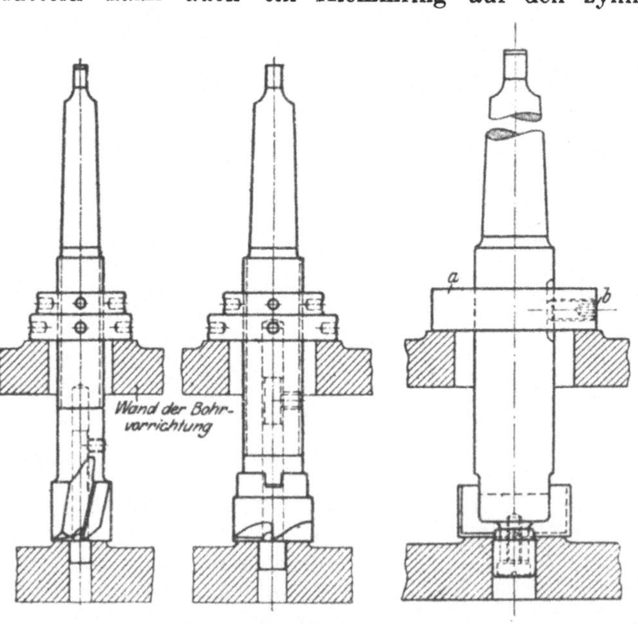

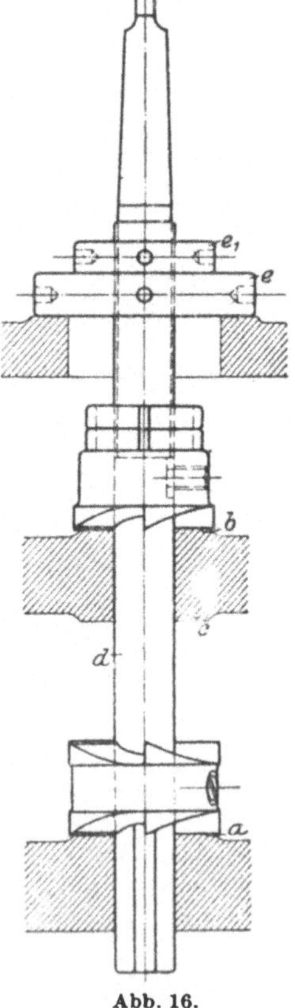

Abb. 15. Anschlagsenker. *a* Klemmring; *b* Schraube mit Innensechskant (DIN 913).

Abb. 16.

drischen Schaft aufgesetzt werden (*a*, Abb. 15). In Abb. 16 ist eine Sonderausführung dargestellt, bei der drei Naben *a*, *b* und *c* in einer Einspannung angesenkt werden. Die Naben a und b werden zugleich angesenkt, die Nabe c hinterher für sich, wobei der Halter d zurückgezogen wird. Die Muttern e und e_1 dienen als Anschlag für das Ansenken der Naben a und b. Zum Einstellen der Anschlagsenker dient eine Lehre nach Abb. 17: Der Ständer f mit Maßstab wird auf die Mutter e aufgesetzt und durch den Schieber g die zu senkende Entfernung von der Nabe der Vorrichtung oder des Arbeitsstückes gemessen.

D. Die Messerstange.

Die Messerstange, die auch die Grundlage für die Konstruktion der Senker abgegeben hat, dient ebenfalls zum Bohren, Nabenanschneiden und Einsenken und findet in der Bohrerei und Revolverdreherei allgemeine Verwendung. In vielen Fällen ist sie ein Notbehelf; sie kann jedoch auch zu einem sehr zweckmäßigen Werkzeug ausgebildet werden. Für größere Senkungen von über 100···250 mm Durchmesser wird sie überwiegend benutzt, da hierfür Vollsenker zu teuer und auch nicht immer möglich sind.

Abb. 18. Einseitiger Stahl zum Vorschruppen.

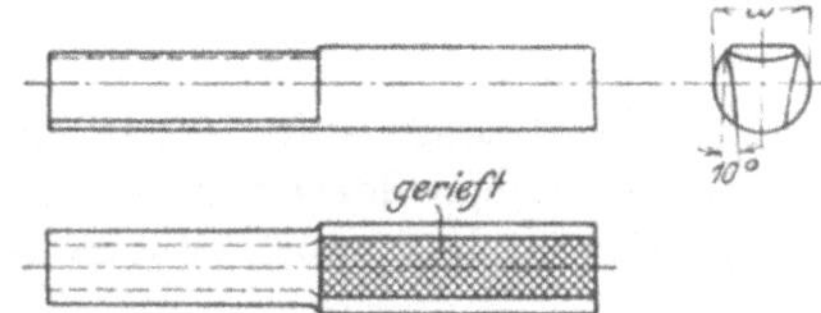

Abb. 19. Einseitiger Stahl zum Fertigschneiden.

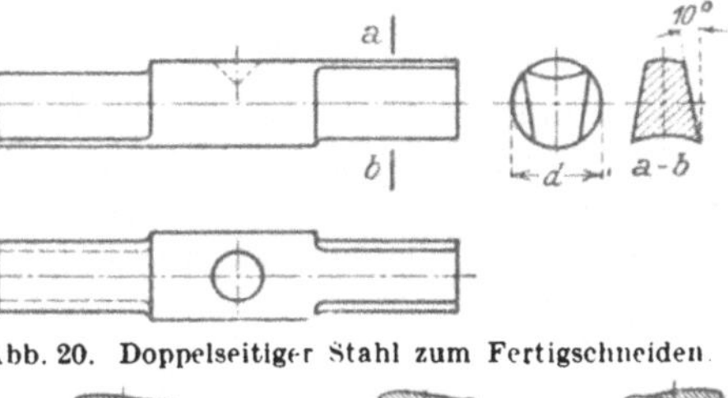

Abb. 20. Doppelseitiger Stahl zum Fertigschneiden.

7. Messerstange mit runden Messern. Hierzu werden gewöhnlich Führungsbohrstangen (s. „Bohren", 3. Aufl., Abb. 132) verwendet, in die Stähle nach Abb. 18···20 eingesetzt werden. Zum Vorschruppen erhält der Stahl eine Abschrägung von etwa 3^0 (Abb. 18 u. 21), während zum Fertigsenken ein gerader Stahl verwendet wird (Abb. 19

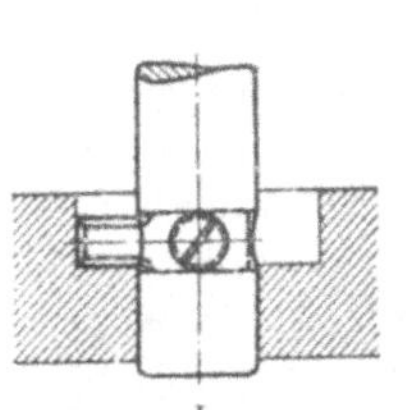

Abb. 21. Anschneiden mit rundem Schruppstahl.

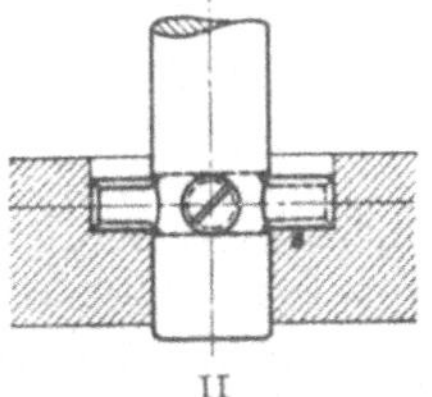

Abb. 22. Anschneiden mit rundem Schlichtstahl.

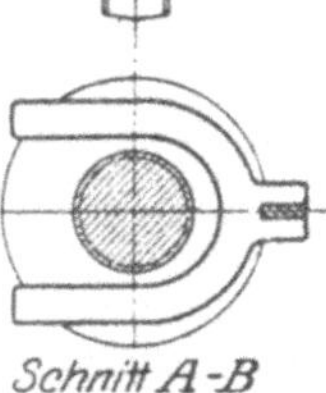

Abb. 17.

Abb. 16 u. 17. Sondersenker und Einstellehre.

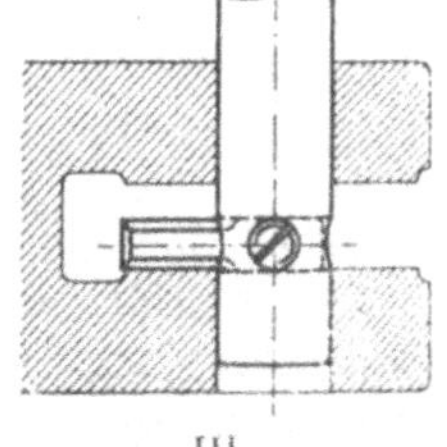

I   II   III

Abb. 23. Einsenken mit runden Messern.

u. 22). Sie eignen sich auch zum Einsenken und Aufsenken. Der Stahl kann dabei einschneidig (Abb. 23 I) oder zweischneidig (Abb. 23 II) sein. Besonder-

geeignet sind sie zum Nabenanschneiden in engen Zwischenräumen (Abb. 23 III).
Wenn die zweiseitigen Messer auch mehr leisten, genügen meist doch die einseitigen. Sie haben den Vorteil, daß sie auf verschiedene Durchmesser eingestellt werden können. Die Leistung dieses Werkzeuges ist allerdings gering,
genügt jedoch für viele Fälle.

Die Messer können aus Kohlenstoffstahl oder Schnellstahl sein. Bei Verwendung von Schnellstahl wird natürlich die Leistung bedeutend erhöht, doch
brechen lange Messer sehr leicht. Messer aus Rundstahl haben den Vorteil der leichteren Herstellung von Messer und Messerstange. Vierkantstähle sind widerstandsfähiger als runde, müssen aber gut eingepaßt werden, da sie sonst beim Arbeiten leicht aus ihrer Lage gedrückt werden und nicht winkelig zur Bohrungsachse stehen. Die Stähle können auch mit Hartmetallplättchen versehen werden.

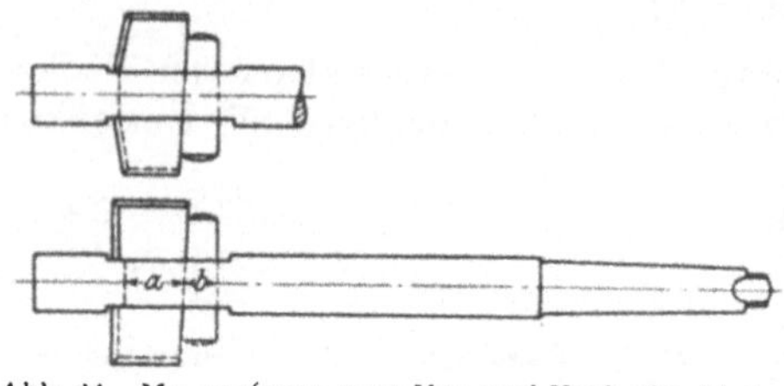

Abb. 24. Messerstange zum Vor- und Nachschneiden.

8. Messerstange mit Flachmessern. Die Abmessungen dieser Messerstangen
sind gleich denen der Bohrstangen mit eingesetzten Messern (s. Bohren, 3. Aufl.,
Abb. 137), um mit einer Stange Naben anschneiden, bohren oder einsenken zu
können. Da die Stange selbst als Führungszapfen dient, empfiehlt es sich, sie so weit wie angängig zu

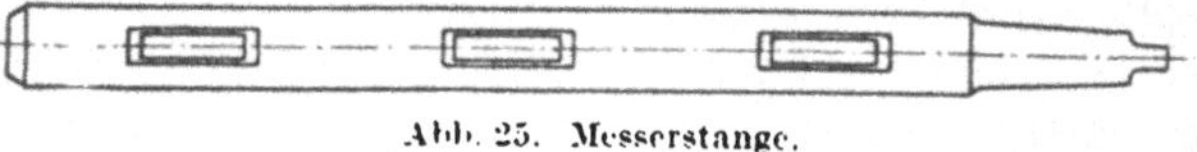

Abb. 25. Messerstange.

härten, um ein Festfressen zu vermeiden. Das Messer wird in einer Nut gegen
Verschiebung gesichert und durch Keil festgehalten. Die Schlitze in den
Stangen müssen für einen Durchmesserbereich gleich lang sein, ebenfalls die
Abmessungen a des Messers und b des Keiles (Abb. 24). Weiter müssen die
Keilschrägen genau passen, um ein Lösen beim Arbeiten zu verhindern. Sind die Entfernungen a und b und die Schlitzlängen ungleich, so müssen Keil und Messer jedesmal erst zusammengepaßt werden, was sehr zeitraubend und kost-

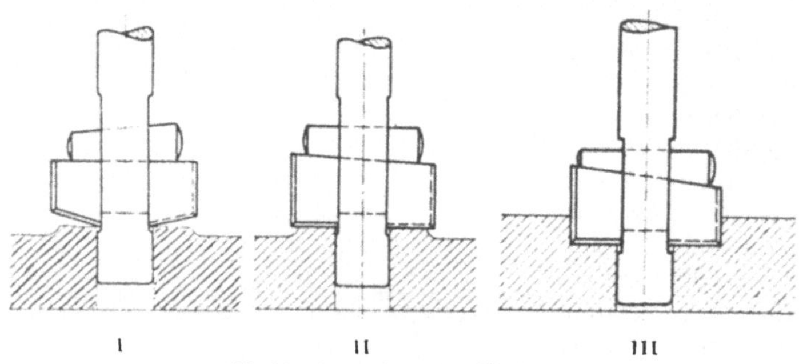

Abb. 26 Anwendung der Flachmesser.

spielig ist. Es empfiehlt sich deshalb für Senkungen bis zu 100 mm ⌀, doppelseitige Aufstecksenker (Abb. 10) zu verwenden. Die Messerstangen können
nach Bedarf Schlitze in verschiedenen Entfernungen haben (Abb. 25).

Auch bei der Messerstange empfiehlt es sich, vor- und nachzuschneiden,
wobei das Messer zum Vorschneiden beiderseitig abgeschrägt (Abb. 26 I), zum
Nachschneiden gerade ist (Abb. 26 II). Zum Einsenken oder Aufsenken auf genauen Durchmesser muß das Messer mit der Stange zusammen rundgeschliffen
werden, damit es nicht einseitig schneidet (Abb. 26 III). Man verwendet die
Messerstange auch zum Aufsenken großer Bohrungen bis zu 250 mm Durchmesser und mehr, z. B. bei Kurbelwangen (Abb. 27), indem erst ein Loch von

etwa 75 mm mit dem Spiralbohrer gebohrt und dann mit starkem zweischneidigem Senkermesser aufgebohrt wird. Beim Anschneiden zweier gegenüberliegender Naben (Abb. 28) wird erst die eine Nabe angeschnitten, dann das Messer umgedreht und die zweite Nabe angeschnitten, ohne die Stange herauszunehmen. Es empfiehlt sich, die Messerstangen in Führungsbüchsen f (Abb. 29) laufen zu lassen, um die fertigen Bohrungen nicht zu beschädigen.

Abb. 30 zeigt ein Sonderwerkzeug. Um die Entfernung a leichter einhalten zu können, liegt das Messer b mit seiner Aussparung c auf einer Stellschraube d auf, die eine genaue Einstellung möglich macht.

Für große Naben über 100 mm ⌀ sind Halter mit eingesetzten Messern (Abb. 31) vorteilhaft, da die Einsteckmesser sehr einfach und billig sind. Auch können sie dann aus Schnellstahl hergestellt werden, da sie kurz gespannt sind und nicht brechen, Abb. 31 I zeigt ein Schruppmesser, Abb. 31 II ein Schlichtmesser. Für Messer aus einem Stück wird dagegen besser Kohlenstoffstahl verwendet. Bei stärkeren Messern kann auch Schnellstahl aufgeschweißt oder Hartmetall aufgelötet werden. Da bis zu einem gewissen Bohrdurchmesser Stangen und Messer ziemlich schwach sein müssen, so sind in diesen Grenzen ihre Leistungen auch nur gering.

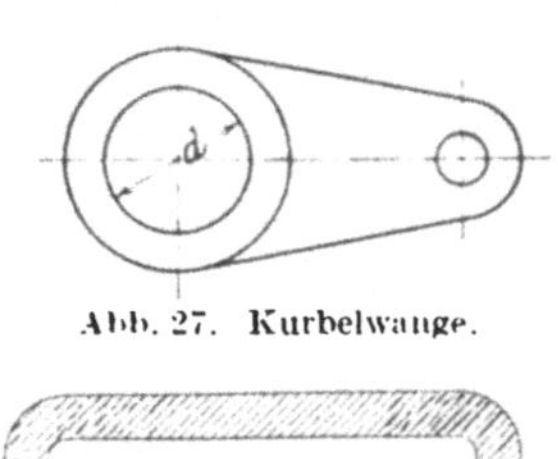

Abb. 27. Kurbelwange.

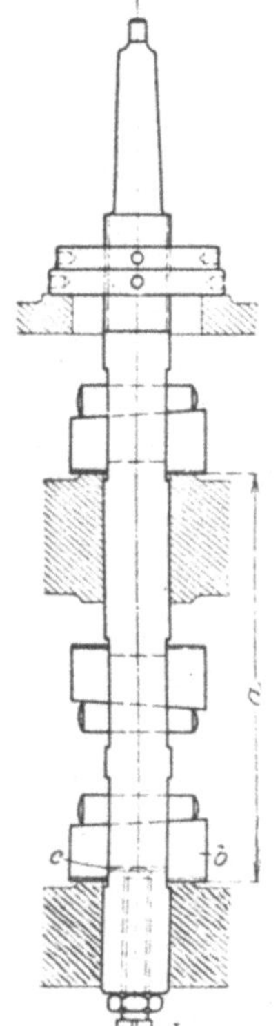

Abb. 30. Messerstange mit 3 Messern.

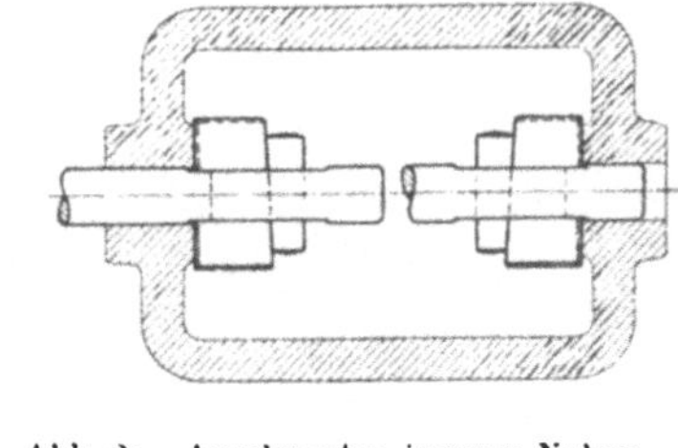

Abb. 28. Anschneiden innerer Naben.

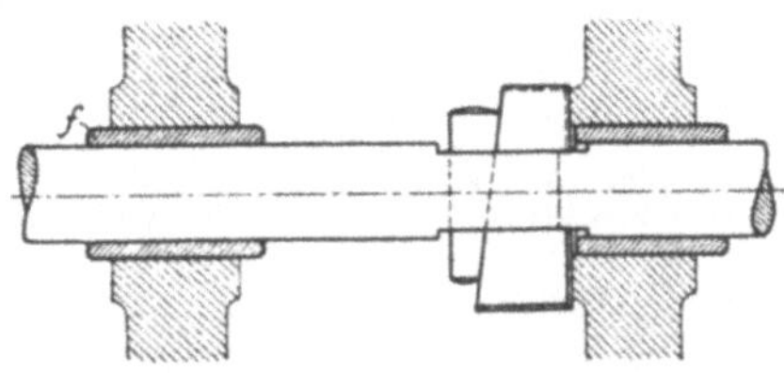

Abb. 29. Anschneiden in Führungsbüchsen.

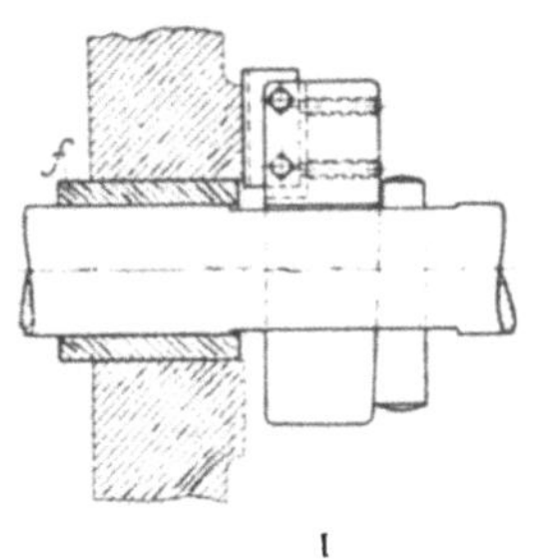

I

Abb. 31. Schruppmesser

Messerhalter

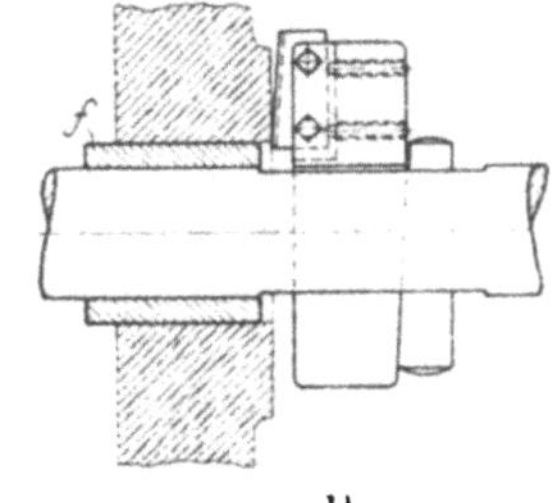

II

Schlichtmesser

E. Werkzeuge zum Naben- und Flanschendrehen.

Zum Abflächen großer Naben benutzt man den Flanschendrehsupport. Er wird hauptsächlichst an gut zugänglichen Stellen. Außennaben oder Flanschen an Zylindern, die wegen ihrer Größe nicht mehr mit der Messerstange bearbeitet werden können, verwendet. Sie werden ein- und doppelarmig ausgeführt. Die

Apparate Abb. 32 u. 33 werden auf Bohrstangen aufgesetzt: der Apparat 34 wird unmittelbar an den Flansch der Bohrspindel angeschraubt.

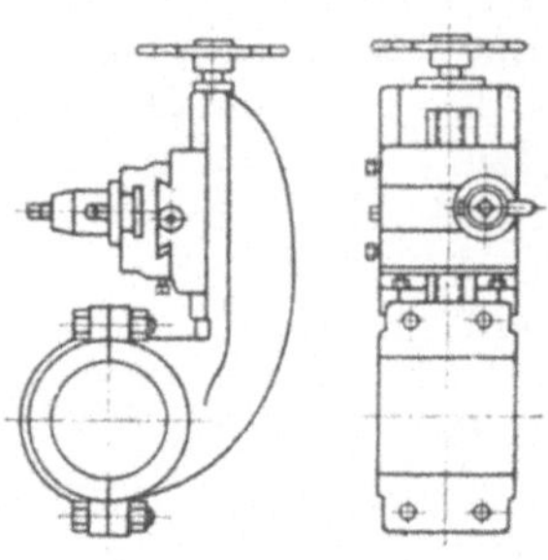

Abb. 32. Einarmiger Flanschendrehsupport.

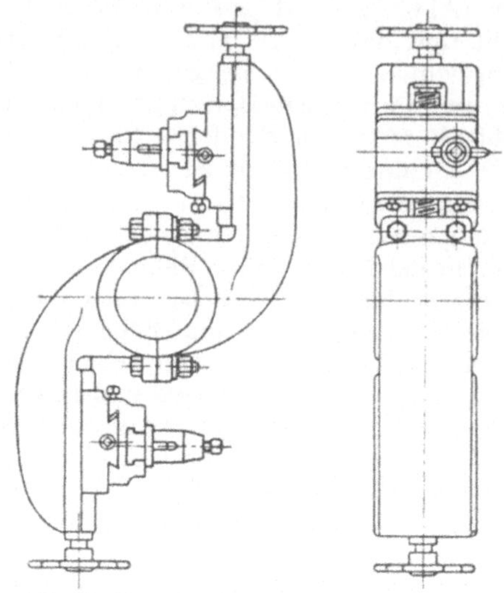

Abb. 33. Doppelarmiger Flanschendrehsupport.

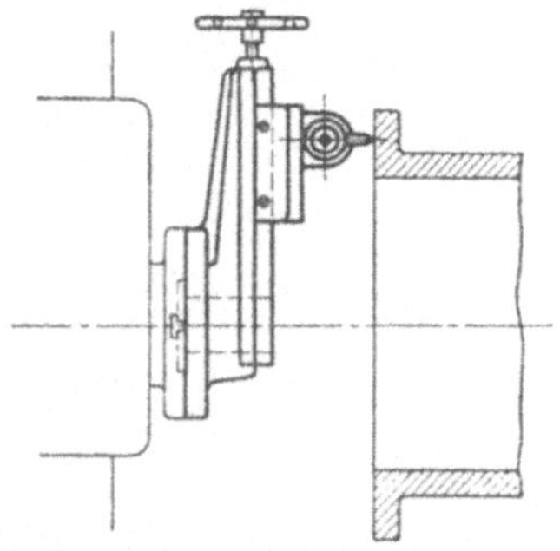

Abb. 34. Einarmiger, an die Bohrspindel angeschraubter Flanschendrehsupport in Arbeitsstellung.

Durch einen Schaltstern, dessen Strahlen bei jeder Umdrehung an einen festen Anschlag stoßen, wird der Drehstahl selbsttätig zugestellt. Abb. 35 zeigt einen doppelarmigen Flanschendrehsupport in Arbeitsstellung.

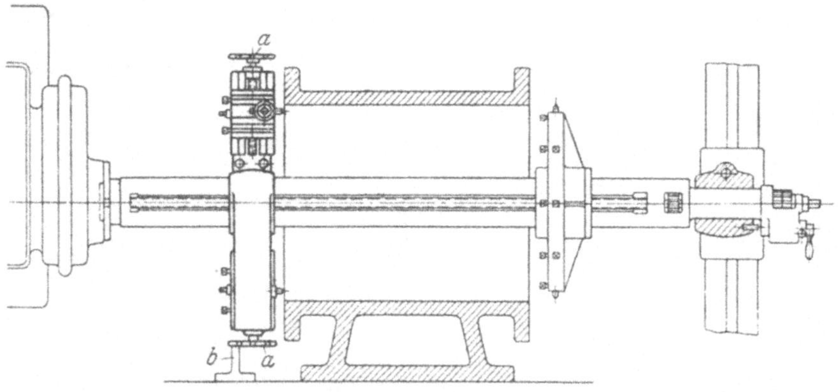

Abb. 35. Doppelarmiger Flanschendrehsupport in Arbeitsstellung. a Schaltstern. b fester Anschlag.

F. Senker zum Nabenabrunden.

Die glatt geschnittenen Naben werden gewöhnlich an der äußeren Kante noch abgerundet. Abb. 36 zeigt ein einfaches Werkzeug, bestehend aus einem Halter mit Führungszapfen, in dem ein abgebogener Rundstahl verstellbar ist und durch eine Druckschraube festgehalten wird. Für Bohrungen von 5 ··· 16 mm

werden die Halter mit Führungszapfen aus einem Stück gedreht. Über 16 mm
Bohrung können Büchsen verschiedener Durchmesser auf einen Halter aufgesetzt
werden (Abb. 37). Die Einsteckstähle (Abb. 38) müssen im Durchmesser gleich
den Bohrstählen (s. Heft 15: „Bohren", 3. Aufl., Abb. 133 u. 134) sein, damit
sie auch in Bohrstangen verwendet werden können. Für Zapfensenker und für
Messerstangen werden flache Hakenmesser benutzt (Abb. 39), für größere Durchmesser Einsteckstähle in besonderen Haltern (Abb. 40).

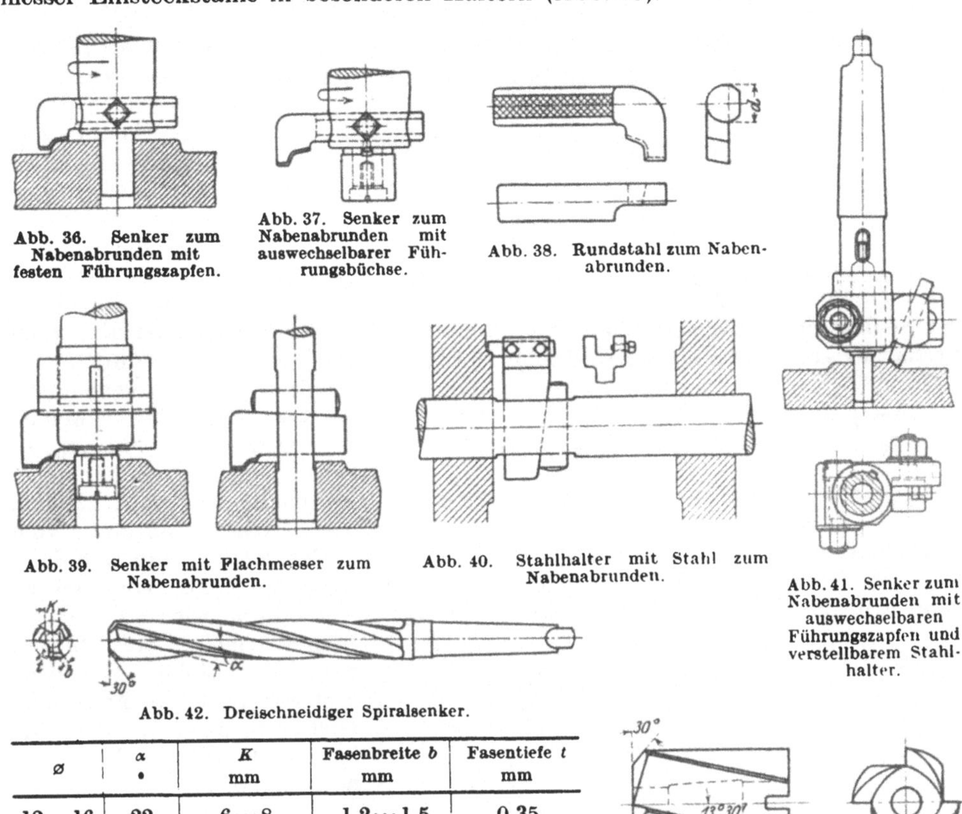

Abb. 36. Senker zum Nabenabrunden mit festen Führungszapfen.

Abb. 37. Senker zum Nabenabrunden mit auswechselbarer Führungsbüchse.

Abb. 38. Rundstahl zum Nabenabrunden.

Abb. 39. Senker mit Flachmesser zum Nabenabrunden.

Abb. 40. Stahlhalter mit Stahl zum Nabenabrunden.

Abb. 41. Senker zum Nabenabrunden mit auswechselbaren Führungszapfen und verstellbarem Stahlhalter.

Abb. 42. Dreischneidiger Spiralsenker.

$\varnothing$	α °	K mm	Fasenbreite b mm	Fasentiefe t mm
12···16	22	6···8	1,2···1,5	0,35
17···26	24	8···11	1,6···1,9	0,35···0,45
27···36	26	11···13,5	2···2,3	0,45···0,5
38···45	27	14···16	2,4···2,6	0,5···0,6
46···52	28	16,5···18	2,7···2,8	0,7···0,8

Abb. 43. Vierschneidiger Spiralsenker.

Auch Werkzeuge nach Abb. 41 werden verwendet. Das Werkzeug besteht
aus einem Halter mit auswechselbaren Führungszapfen und verstellbarem Stahl:
es ist nur an leicht zugänglichen Stellen verwendbar.

G. Spiralsenker zum Aufbohren.

Zum Aufbohren vorgegossener oder zum Nachbohren vorgebohrter Löcher
werden Spiralsenker nach Abb. 42 mit drei Schneiden und nach Abb. 43 mit
vier Schneiden verwendet. Die Dreischneider haben Kegelschaft, werden
aber wegen des großen Werkstoffverbrauches gewöhnlich nur bis 50 mm $\varnothing$ hergestellt; für sehr harte Werkstoffe können die Schneiden mit Hartmetall bestückt

werden (Abb. 44). Die Vierschneider haben kegelige oder zylindrische Bohrung und werden auf einen Halter aufgesteckt. Sie werden bis 100 mm ⌀ ausgeführt (darüber benutzt man starke Senkermesser, s. Abb. 51).

Abb. 44. Dreischneidiger Spiralsenker mit Hartmetallschneiden.

Diese Senker, besonders die Dreischneider, gleichen in ihrer Konstruktion völlig den Spiralbohrern, nur daß ihre Schneiden nicht bis zur Mitte gehen; sie bohren ja vorhandene Löcher nur auf. Infolgedessen können die Schnittnuten weniger tief und deshalb zahlreicher sein (3 oder 4 statt 2). Trotzdem ist dabei

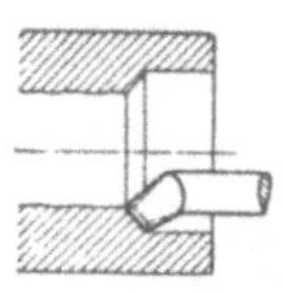
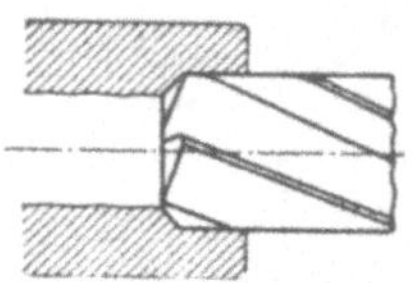
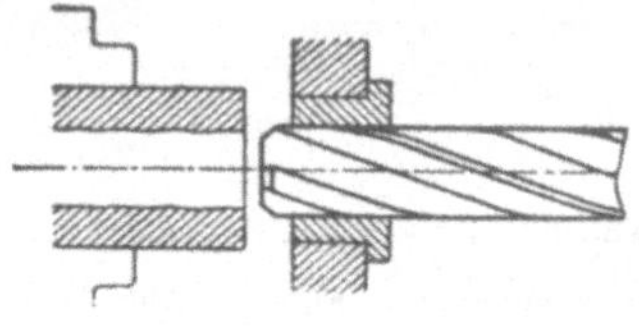

Abb. 45. Mit Bohrstahl vorgedrehte Führung für den Senker.   Abb. 46. Senker in Führungsbüchse.

der Senker noch starrer als der Spiralbohrer. Die Vierschneider haben gar im Verhältnis zum Durchmesser so flache Nuten, daß man sie hohl ausführt.

Abb. 47. Spiralsenker mit eingeschraubtem Schneidkopf.

Beim Bohren vorgegossener Löcher ist es zweckmäßig, dem Senker eine Führung zu geben, indem mit einem Bohrstahl auf etwa 20 mm Tiefe eine Bohrung vom Durchmesser des Senkers geschaffen wird (Abb. 45). Der Senker kann sich dann nicht so leicht nach dem vorgegossenen Loch verlaufen. Statt vorzubohren kann man den Senker auch durch eine Führungsbüchse führen, wie es z. B. beim Bohren mit Vorrichtungen geschieht; in der Revolverdreherei sitzt die Führungsbüchse in einer vor dem Arbeitsstück angebrachten Lünette (Abb. 46).

Abb. 48. Spiralsenker mit Ölzuführung.

Die Senker besitzen Voll- oder Untermaß — dieses, wenn nachgerieben wird (s. auch Arbeitsbeispiele S. 50). Die Dreischneider (Abb. 42) haben einen Drall von etwa 20···30⁰, die Aufstecksenker Abb. 43 einen von 13···20⁰; sie haben eine Führungsfase und sind nach hinten etwas verjüngt. Die Schneidlippen müssen gleichmäßig sein. Sie werden auf besonderen Schleifgeräten (s. S. 20) geschliffen.

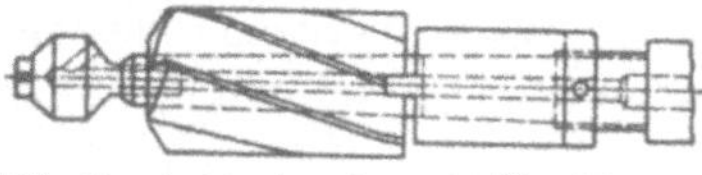

Abb. 49. Aufstecksenker mit Ölzuführung.

Die Senker werden aus Kohlenstoff- oder — für hohe Leistungen — aus Schnellstahl hergestellt.

Abb. 47 zeigt einen Senker mit eingesetztem Schneidkopf. Der Kopf kann aus Schnellstahl, der Schaft aus Kohlenstoffstahl sein. Diese Ausführung empfiehlt sich besonders bei langen Senkern. Ist der Schneidkopf abgenutzt, so kann er durch einen neuen ersetzt werden.

Für sehr tiefe Löcher in Stahl werden Senker mit Ölzuführung verwendet (Abb. 48). Bei Aufstecksenkern wird der Halter durchbohrt und vorne mit einer Düse versehen, durch die das Öl der Schneide zufließt (Abb. 49).

Die Abb. 50 zeigt Anwendungsbeispiele, bei denen mehrere Senker zugleich oder hintereinander schneiden. Die Halter müssen hierbei geführt werden.

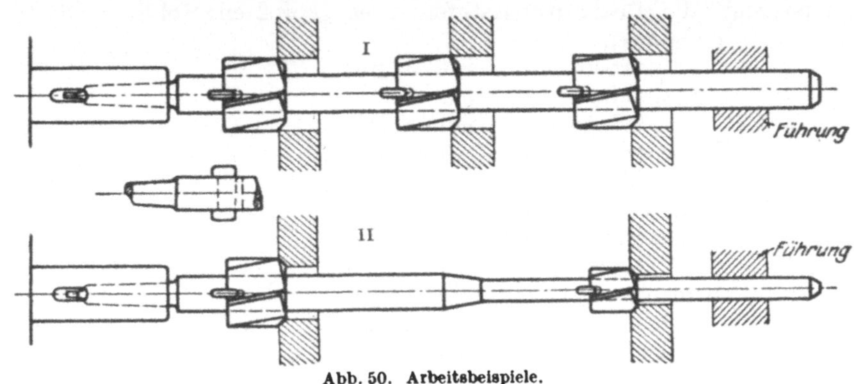

Abb. 50. Arbeitsbeispiele.

H. Spiralsenkermesser.

Das Werkzeug wird zum Aufbohren oder Aufsenken vorgebohrter Werkstücke, z. B. Radnaben, Rauchkammerrohrwände an Kesseln usw. verwendet. Es wird in Größen von 38···250 mm ⌀ hergestellt.

Abb. 51 zeigt das vollständige Werkzeug mit Halter und Führungsbüchse, während in Abb. 52 die Einzelteile dargestellt sind. In den Halter a wird ein Führungszapfen c eingeschraubt, auf den Senker d und Führungsbüchse e gesteckt werden. Durch die beiden Mitnehmerstifte b wird der Senker gegen Verdrehung geschützt. Senker und Führungsbüchse werden durch eine Schraube zusammengehalten. Für Sacklöcher tritt an die Stelle der Führungsbüchse eine Scheibe.

Beim Senken mit Führungsbüchse ist streng darauf zu achten, daß diese in dem vorgebohrten Loch 0,3···0,4 mm Spiel hat, um ein Drängen zu vermeiden.

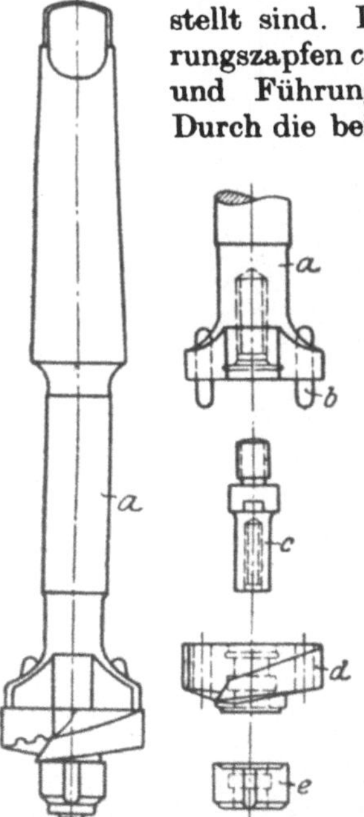

Abb. 51.   Abb. 52.
Abb. 51 u. 52. Spiralsenkermesser
(Bauart Wilh. Sasse, Spandau).

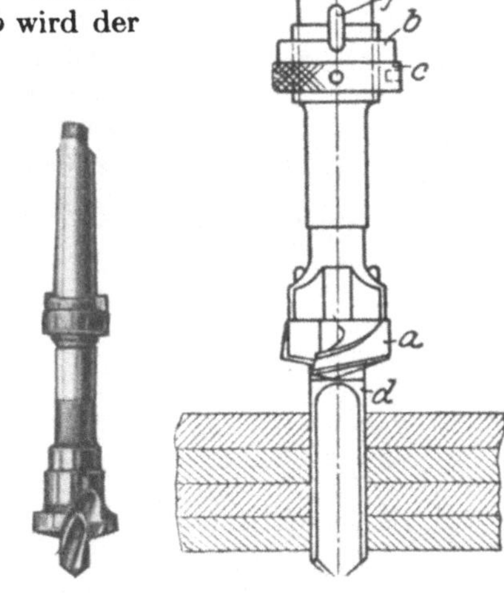

Abb. 53.   Abb. 54.
Abb. 53 u. 54. Spiralsenkermesser mit Bohrer
(Bauart Wilh. Sasse, Spandau).

Abb. 53 u. 54 zeigen Senker mit Vorbohrer. Der Bohrer ist an einer Spindel befestigt, die durch Keil f in g gehalten wird. Mutter c und Ring b dienen zum Anstellen des Keiles, wodurch der Bohrer d wirksam befestigt wird. Abb. 54 zeigt das Bohren und Aufsenken durch vier Blechplatten. Das obere Stück des

Vorbohrers *d* dient gleichzeitig als Führung. An Stelle der Blechplatten können auch volle Stücke treten.

Abb. 55 zeigt die Bearbeitungsstufen eines gepreßten Rohlings (Stützrohrendstück).

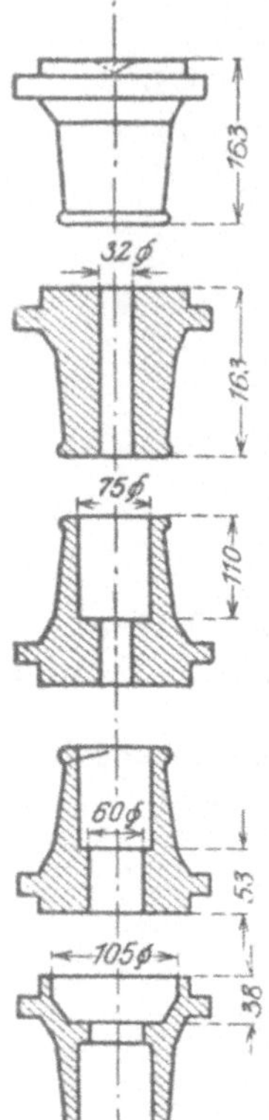

1. Arbeitsgang: mit 32 mm Spiralbohrer vorbohren.

2. Arbeitsgang: mit Spiralbohrmesser auf 75 mm aufbohren.

3. Arbeitsgang: mit Spiralbohrmesser 60 mm aufbohren.

4. Arbeitsgang: mit Spiralbohrmesser 105 mm aufbohren.

Das Messer ist auch für geformte Senkungen geeignet. Hierbei ist zweckmäßig, die Bohrung für die Führungsbüchse kaliberhaltig herzustellen und der Führungsbüchse die entsprechende Passung zu geben.

Die Leistung dieser Messer ist sehr hoch. Die gewöhnliche Art des Kühlens genügt dazu nicht, es muß unter Druck gekühlt werden.

Bei sehr tiefen Bohrungen werden besondere Halter mit Kühleinrichtung (Abb. 56···58) verwendet. Der Kühlwasserstrahl wird hierbei im Schaft entlang geleitet, so daß das Werkzeug

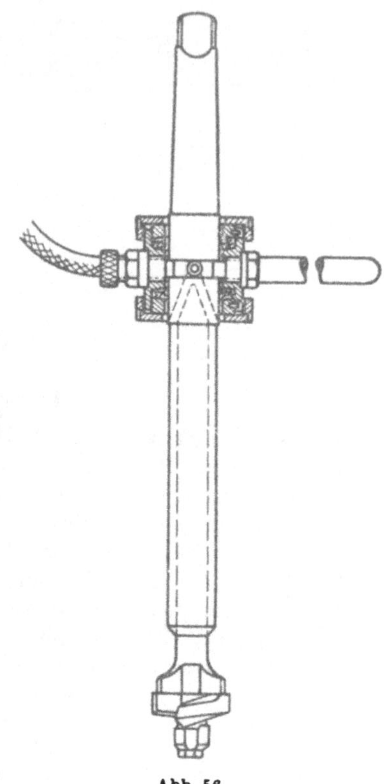

Abb. 56.

Abb. 55. Werkstück gebohrt mit Spiralsenkermesser.

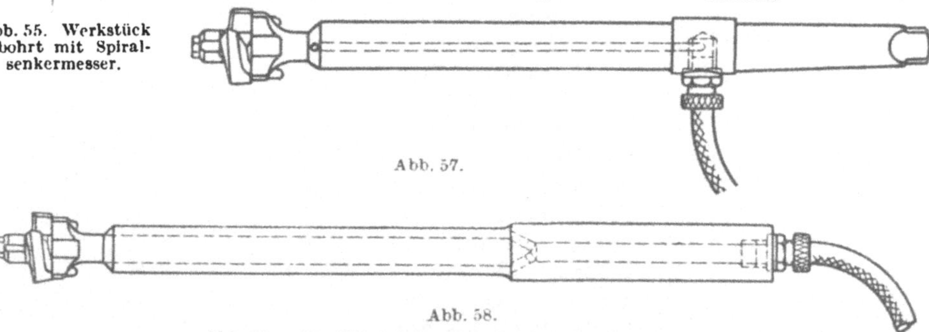

Abb. 57.

Abb. 58.

Abb. 56···58. Flüssigkeitszufuhr bei Spiralsenkermessern.

unmittelbar gekühlt wird und die Späne nach außen befördert werden. Abb. 56 zeigt eine Einrichtung für Senkrecht-Bohrmaschinen: Der Halter mit dem Messer dreht sich, die Schmierbüchse steht jedoch still. Sie sitzt drehbar, aber abgedichtet, kurz hinter dem Kegelschaft. Das Kühlwasser tritt durch den Schlauch in einen eingedrehten Kanal des Halters und verteilt sich in zwei seitliche Kanäle, die kurz über dem Werkzeug münden. Damit die Büchse nicht mitgenommen wird, trägt sie seitlich eine Anschlagstange, die sich gegen den Maschinenständer legt.

Viel einfacher ist die Flüssigkeitszufuhr, wenn das Werkzeug stillsteht: Abb. 57 zeigt einen Halter mit seitlicher, Abb. 58 einen mit hinterer Flüssigkeitszufuhr für Waagerecht-Bohrmaschinen.

Der Senker wird auf einer besonderen Vorrichtung geschliffen.

J. Verschiedene Senker.

9. Spitzsenker (Abb. 59) werden für Schraubenkopf- und Rohraufsenkungen verwendet, und um Löcher zu entgraten.

Sie sind mit folgenden Winkeln genormt:

$\alpha = 60^0$ zum Abfasen der Kanten gebohrter Löcher DIN 334,

$\alpha = 75^0$ für Halbrundnieten nach DIN 104, für Halbversenknieten nach DIN 301 für Senknieten nach DIN 661 ··· DIN 381,

$\alpha = 90^0$ zum Versenken der Köpfe von Senk- und Linsenkopfschrauben, Versenknieten usw. DIN 335,

$\alpha = 120^0$ wie für 90^0 Spitzsenker DIN 347.

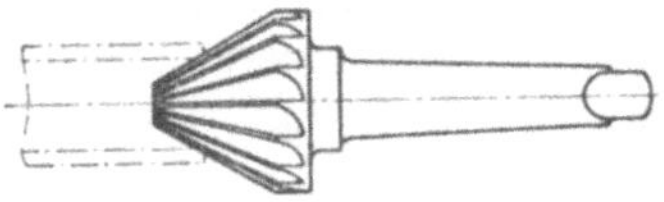

Abb. 59. Spitzsenker.

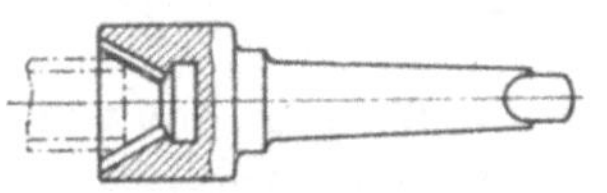

Abb. 60. Spitzsenker mit auswechselbaren Führungszapfen (Löwe).

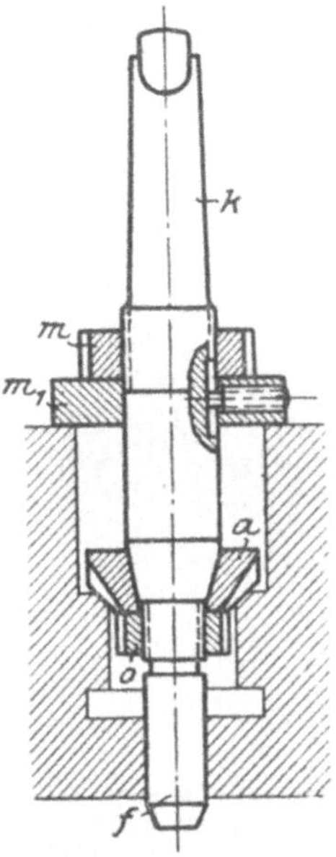

Für Schraubenkopfsenkungen werden auch vorteilhaft Spitzsenker mit eingesetzten Führungszapfen nach Abb. 60 benutzt. Zum Abfasen der äußeren Kanten an Rohren dienen Senker nach Abb. 61.

Abb. 62 zeigt einen Spitzsenker mit Anschlag zum Aussenken von Ventilsitzen.

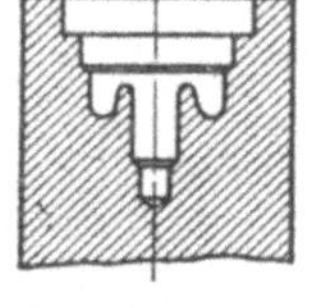

Abb. 61. Senker zum Kantenabfasen.

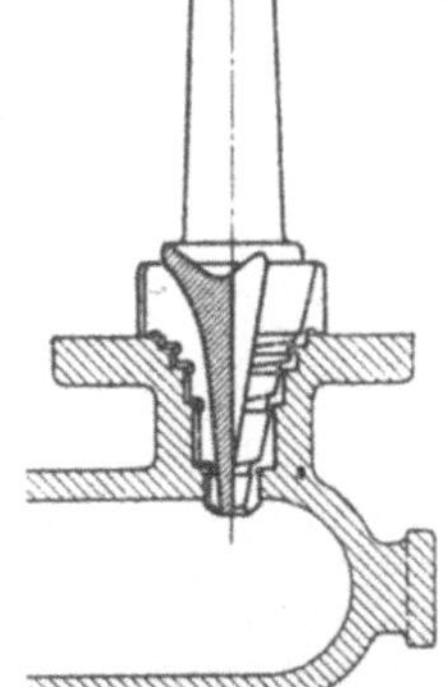

Abb. 62. Ventilsitzsenker. *a* Senker; *f* Führungszapfen; *k* Halter; *m* Anschlagmutter; m_1 Anschlagscheibe; *o* Spannmutter.

10. Formsenker (Abb. 63) mit eingesetztem Bohrer für Revolverdrehbänke und Automaten. Mit diesem Senker werden Formen in Messing usw. auf einmal eingesenkt (Abb. 64). Die Herstellung eines solchen Senkers ist allerdings schwierig; auch muß er sehr vorsichtig

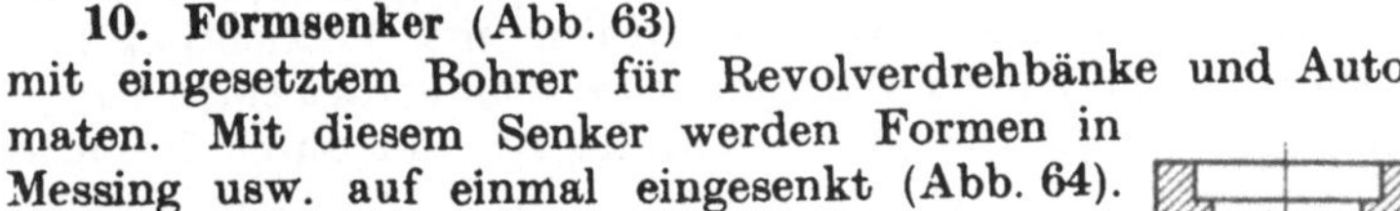

Abb. 63. Formsenker.

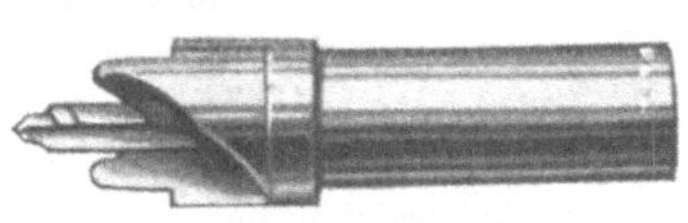

Abb. 64. Gesenkte Form.

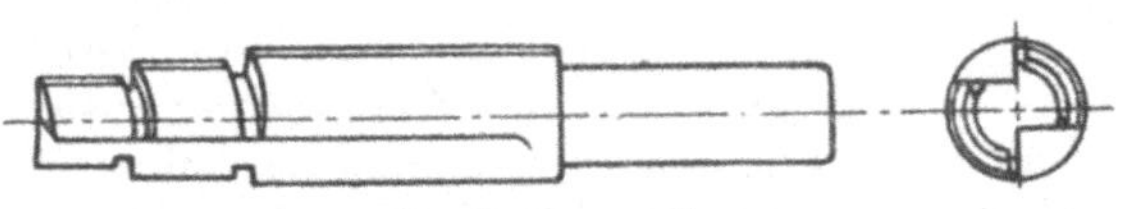

Abb. 66. Formsenker.

Abb. 65. Formsenker.

geschliffen werden, und zwar nur an der Brust, da sich sonst die Form verändert.

In Abb. 65 ist ein Formsenker für die Bearbeitung von Armaturen dargestellt. Ohne dieses Sonderwerkzeug müßten vier Senker mit Führungszapfen verwendet werden, deren Auswechslung unbequem und zeitraubend wäre. Einen weiteren Formsenker, wie er in der Revolverdreherei und bei Automaten häufig benutzt wird, zeigt Abb. 66.

11. Kesselbodensenker (Abb. 67) in Verbindung mit einem Bohrer mit zylindrischem Schaft dienen zum Einschneiden von größeren Löchern in Bleche, besonders in Kesselböden, zum Einsetzen von Siederohren. Sie schneiden fast nur mit der Stirn. Die Zylinderflächen sind außen und innen bei Senkern mit eingesetzten Messern hinterfeilt, bei Vollsenkern hinterdreht. Der Senker zerspant nicht den ganzen Werkstoff, sondern es werden Scheiben so groß wie sein innerer Durchmesser ausgeschnitten; zerspant wird nur ein ringförmiges Stück von der Breite gleich der Dicke der Zähne. Durch das Hinterfeilen oder Hinterdrehen außen und innen wird der Querschnitt jedes Zahnes nach hinten verjüngt, so daß seitlich die nötigen Freiwinkel entstehen. Auch in der Längsrichtung ist der Zahn nach hinten (oben) etwas verjüngt, um ein Klemmen zu vermeiden. Der Senker wird nur an den Stirnen der Zähne ge-

Abb. 67. Kesselbodensenker mit Bohrer.

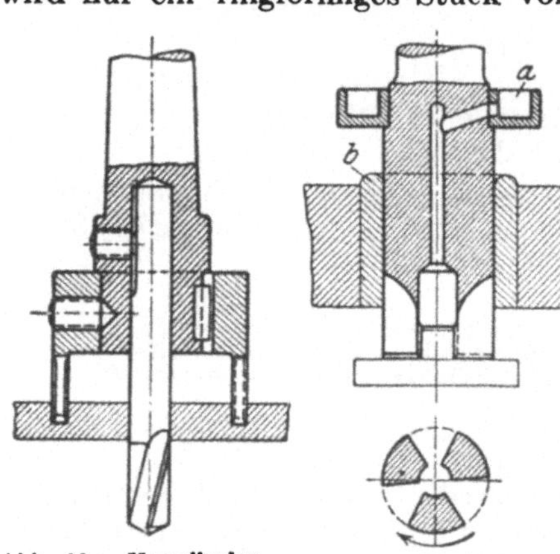

Abb. 68. Kesselbodensenker.

Abb. 69. Hohlsenker.

schliften, und zwar so, daß ihre Freiwinkel vorn erhalten bleiben.

Der Senker Abb. 67 hat auswechselbare Messer; Abb. 68 zeigt eine Ausführung mit aufgestecktem Senker.

12. Hohlsenker. Zum Ansenken von Zapfen an Federtellern usw. dient ein Senker nach Abb. 69. Das vorgefräste Werkstück wird in einer Vorrichtung festgehalten; der Senker führt sich in einer Führungsbüchse *b* und trägt einen Ring *a* für die Kühlflüssigkeit, die durch die Mitte dem Werkstück zufließt. Die inneren Schnittflächen sind hinterfräst oder hinterdreht, so daß nur drei Führungsfasen von etwa 1 mm Breite stehen bleiben. Der Senker schneidet bei guter Schmierung sehr gut; geschliffen wird auch er nur an der Stirnfläche.

13. Druckputzen- und Spitzschraubensenker. Zum Einsenken von Druckputzenlagerungen in Stellmuttern usw. werden

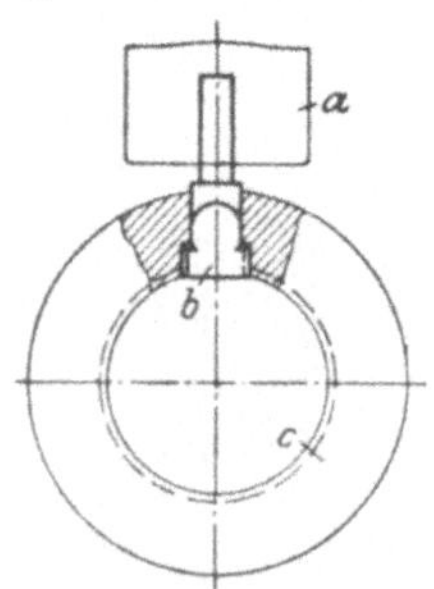

Abb. 70. Druckbutzensenker.
a Futter; *b* Senker; *c* Werkstück.

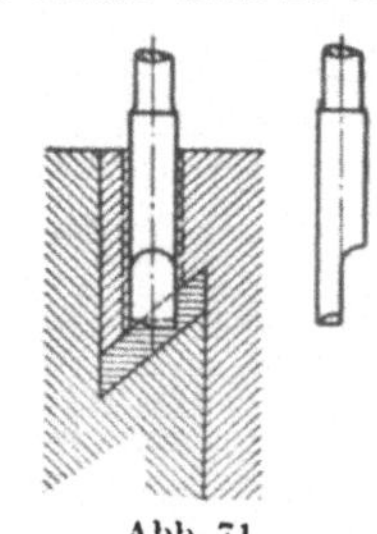

Abb. 71. Druckschraubensenker.

Senker (Abb. 70) verwendet. Der Senker darf nicht länger sein als die Bohrung des betreffenden Werkstückes, da er von innen eingeführt werden muß. Er schneidet von unten nach oben und wird in einem Bohrfutter gehalten. Zum Ansenken der Fläche für den Druckbutzen an Leisten für Prismaführungen findet ein Senker nach Abb. 71 Verwendung.

Zum Ansenken von Spitzschrauben (Abb. 72) verwendet man vorteilhaft Senker nach Abb. 73. Die Spitze des Senkers ist unter 90° angedreht und bis zur Hälfte abgeflacht. Der Senker besitzt eine ungefähr 0,5 mm breite Schnittfase, hinter der bis zur Mitte noch eine Abflachung nötig ist, so daß nur ein Viertel des Durchmessers zur Anlage kommt. Diese Senker werden vorteilhaft aus abgebrochenen Spiralbohrern hergestellt.

14. Nabensenker. Zum Ansenken von langen Naben unter der Senkrechtbohrmaschine an Hebeln usw. (Abb. 74), die wegen ihrer Form nicht gut gedreht werden können, werden Senker nach Abb. 75 verwendet. Durch Auswechseln des Führungszapfens Z und Verstellen der Stähle ist der Senker für verschieden große Bohrungen und Nabendicken verwendbar.

Abb. 72. Welle mit Spitzsenkung für die Schraube.

Abb. 73. Spitzsenker.

Abb. 74. Werkstück mit Nabe.

Abb. 76 zeigt eine andere Ausführung eines Nabensenkers, besonders für Ventilführungen. Er schneidet nur an der Stirn und ist innen radial hinterdreht. Der Senker ist dreifach geschlitzt und durch eine Überwurfmutter nachstellbar. Durch die geringe Verstellung ist er nur für einen Durchmesser verwendbar.

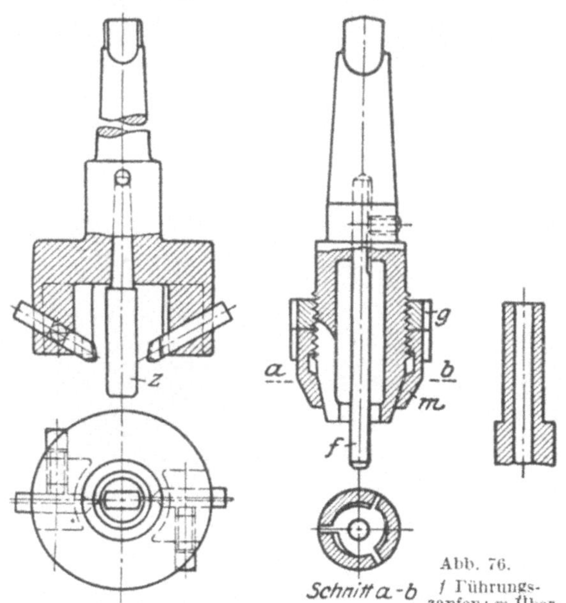

Abb. 75. Z Führungszapfen.

Abb. 76. f Führungszapfen; m Überwurfmutter; g Gegenmutter.

Abb. 75 u. 76. Nabensenker.

Schnitt a-b

K. Schleifen der Senkwerkzeuge.

Wie bei den Bohrern ist auch bei den Senkern die richtige Schärfe für Leistung, sauberen Schnitt und Genauigkeit von größter Wichtigkeit. Die Senkwerkzeuge werden meist auf Universalschleifmaschinen geschliffen (Abb. 77).

Abb. 78 zeigt das Schleifen der Stirnflächen eines Kopfsenkers mit Führungszapfen. Der Senker wird in einen Spitzenapparat aufgenommen und mit der unter entsprechendem Winkel liegenden Schneidkante an einer Tellerscheibe vorbeigeführt (Abb. 79). Durch Umschalten werden die vier Schneidkanten gleichmäßig geschliffen. Der Nachteil dieser Senker, daß nach öfterem Schleifen der Führungszapfen sich immer mehr entfernt, ist bereits auf S. 3 behandelt.

Das Schleifen der Senker mit eingesetzten Führungszapfen ist bedeutend einfacher. Der Führungszapfen wird entfernt, der Senker im Kegel des Teilapparates eingespannt, so daß jeder Zahn bequem geschliffen werden kann (Abb. 80).

Die Aufstecksenker zum Nabenanschneiden werden auf einen Dorn gesteckt und mit einer gewöhnlichen oder einer Topfscheibe sehr bequem geschliffen (Abb. 81). Der Schnittwinkel beträgt $\approx 80^0$.

Messer für Messerstangen können mit Hilfe einer einfachen Vorrichtung ebenfalls bequem auf der Maschine geschliffen werden. Zuerst wird der Rücken a (Abb. 82) mit einer Topfscheibe geschliffen, wobei das Messer gegen eine

Abb. 77.
Universal-Scharfschleifmaschine (Löwe).

Abb. 78. Spitzenapparat zum Schleifen eines Kopfsenkers (Löwe).

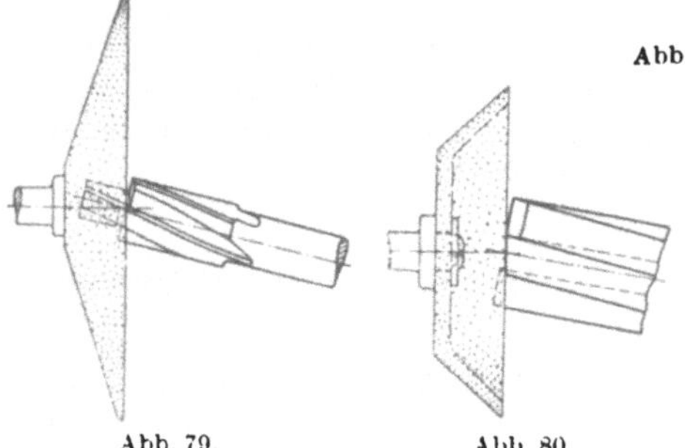

Abb. 79.   Abb. 80.
Schleifen von Kopfsenker mit festem (Abb. 79) und
eingesetztem (Abb. 80) Führungszapfen.

Abb. 81.
Schleifen eines Aufstecksenkers (Löwe).

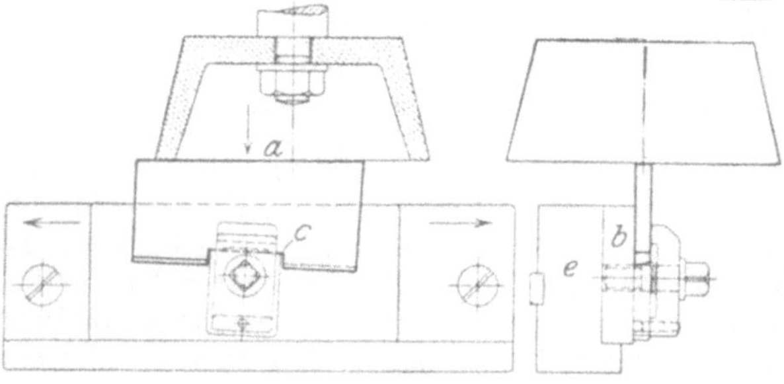

Platte b gespannt wird und in der Nut c anliegt. Die Platte mit dem Messer wird auf der Unterlage e von Hand hin und her bewegt. Hinterher werden die Schneiden c und d (Abb. 83) mit einer anderen Aufnahme geschliffen, wobei der Rücken a

Abb. 82. Schleifen der Rückseite des Messers.

gegen den Keil e liegt. Der Keil mit dem Messer wird ebenfalls von Hand auf der Unterlage b hin und her bewegt. Nachdem Schneide c geschliffen ist, werden Messer und Keil umgedreht und Seite d wird geschliffen.

Die Schneidkanten des Messers müssen nach dem Einsetzen in die Messer-stange rechtwinklig zur Achse der Stange stehen. Zur Kontrolle dient ein Ring k (Abb. 84) mit rechtwinklig zur Bohrung gedrehter Fläche. Kleine Unterschiede können mit dem Ölstein ausgeglichen werden.

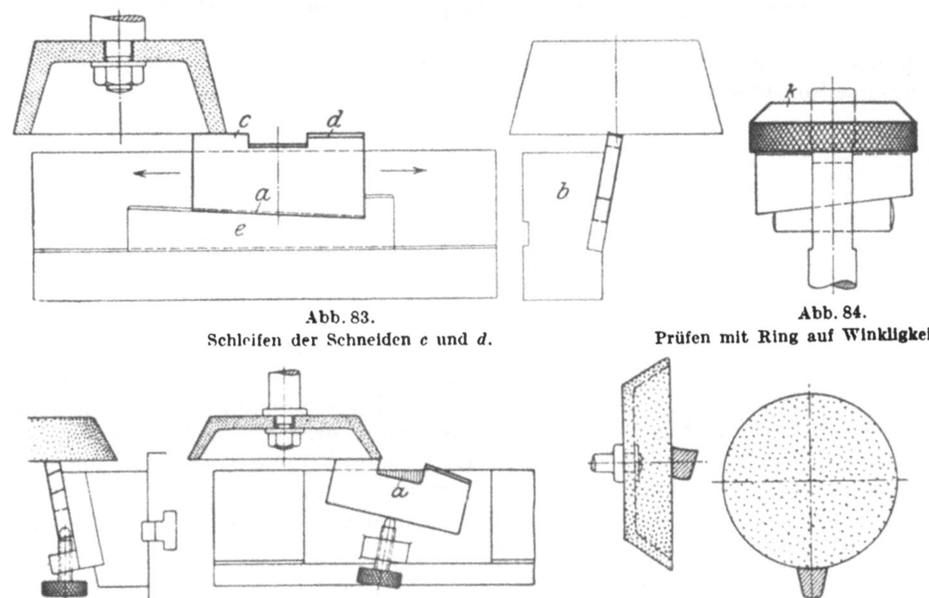

Abb. 83.
Schleifen der Schneiden c und d.

Abb. 84.
Prüfen mit Ring auf Winkligkeit.

Abb. 85. Schleifen von Senker-Schruppmessern.

Abb. 86. Schleifen von Senkerstählen.

Schruppmesser werden in ähnlicher Weise geschliffen, nur müssen sie in der Nute a (Abb. 85) aufgenommen werden. Rundstähle nach Abb. 19 u. 20 werden nach Abb. 86 geschliffen.

Die Schneidlippen der Spiralsenker bestehen aus Kegelmantelflächen wie

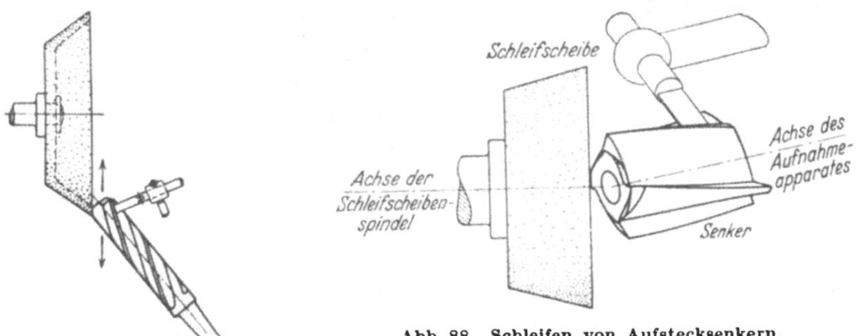

Abb. 88. Schleifen von Aufstecksenkern.

Abb. 87.
Schleifen von Spiralsenkern.

die der Spiralbohrer. Dreilippige Spiralsenker sind deshalb auch auf Spiralbohrerschleifmaschinen zu schleifen. Jede der drei Schneidlippen ist beim Schleifen an die Zunge der Auflage der Spiralbohrerschleifmaschine anzulegen, um die Schneidlippen gleich-mäßig zu bekommen.

Ist keine Spiralbohrerschleifmaschine vorhanden, dann sind die Schneid-lippen auf einer gewöhnlichen Schleifmaschine zu schleifen (Abb. 87). Der Senker wird in einer Pinole mit Teilscheibe aufgenommen und jede Schneidlippe gleichmäßig angeschliffen. Nach hinten zu sind die Schneidlippen in diesem Falle von Hand frei zu schleifen, können jedoch auch gleich hinterschliffen werden.

Die Schneidlippen der Aufstecksenker sind ebenfalls Kegelmantelflächen. Sie können jedoch wegen ihrer Kürze und der vier Schneiden nicht auf der Spiralbohrerschleifmaschine geschliffen werden; man benutzt die gewöhnliche Werkzeugschleifmaschine mit Topfscheibe (Abb. 88). Da sich zwischen den Lippen

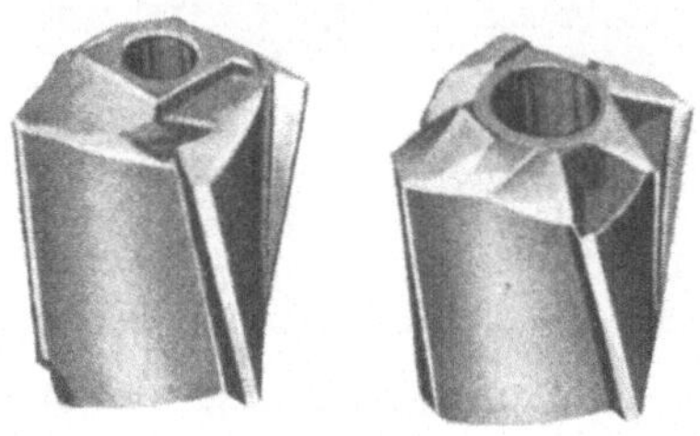

keine Nute befindet, muß besonders vorsichtig hinterschliffen werden, damit die Schleifscheibe den nächstliegenden Schneidzahn nicht verletzt. Der Senker wird auf einem Dorn befestigt, dessen Kegel in einer Pinole mit Teilscheibe sitzt. Es kann jedoch auch durch Anlegen der Zähne an eine Zunge geteilt werden. Mit der Topfscheibe wird eine schräge Fläche angeschliffen; der

Abb. 89. Freihändig geschliffene Aufstecksenker.

übrige Teil muß freihändig hinterschliffen werden. Durch freihändiges Schleifen läßt sich jedoch Gleichmäßigkeit und Sauberkeit nicht erzielen, auch bietet das Verfahren selbst bei vorsichtiger Handhabung keinen völligen Schutz gegen Beschädigung des Werkzeuges. Abb. 89 zeigt freihändig geschliffene Senker.

Um die Kegelmantelfläche der Schneidlippen maschinell und genau schleifen zu können, ist ein besonderes Schleifgerät nötig (Abb. 90). Der Senker wird auf einem Dorn befestigt, der in einer mit Anschlagscheibe und Teilscheibe versehenen Spindel sitzt. Diese ist in einer Büchse außermittig gelagert und kann entsprechend der Schneidlippenzahl mit Hilfe der Teilkurbel weiter geschaltet werden, und zwar links herum, damit die Schleifscheibe die Schneiden nicht verletzt. Beim Arbeiten wird die Spindel durch Bewegung der Anschlagscheibe in Uhrzeigerrichtung gedreht. Der Hinterschliff wird dadurch erzeugt, daß durch die außermittige

Abb. 90.   Schleifen der Aufstecksenker mit Sondervorrichtung (Löwe).

Abb. 91.   Mit Vorrichtung geschliffener Senker.

Lagerung der Büchse der Senker eine schwankende Bewegung an der Schleifscheibe ausführt.

Die Drehung wird durch einen Anschlag mit Feineinstellung begrenzt, damit durch zu weites Drehen der nächste Zahn nicht verletzt wird.

Der Spitzenwinkel wird durch Neigen des Werkzeughalters so eingestellt, daß die Schneidlippe des Senkers rechtwinklig zur Schleifenscheibenachse steht. Der Freiwinkel wird durch Schwenken des Kopfes auf dem Schlitten eingestellt. Abb. 91 zeigt einen mit diesem Apparat geschliffenen Senker.

L. Spannwerkzeuge und Schmierung.

15. Spannwerkzeuge sind dieselben wie die für Bohrer (s. Heft 15: „Bohren", 3. Aufl., S. 61) und Reibahlen (s. S. 41 ff.). Es braucht daher hier nicht näher darauf eingegangen zu werden.

16. Schmierung. Beim Senken von Stahl ist gute Kühlung nötig. Nur Gußeisen, Messing, Leichtmetalle usw. werden trocken gesenkt.

M. Schnittgeschwindigkeit und Vorschub.

Schnittgeschwindigkeit und Vorschub sind bei Spiralsenkern etwa dieselben wie bei Spiralbohrern, doch kann der Vorschub wegen der größeren Zähnezahl eher etwas größer genommen werden. Bei Zapfensenkern ist beides geringer, bei Messerstangen beides bedeutend geringer, da die Messer bei zu hoher Beanspruchung leicht brechen.

Die Tabellen 1 und 2 geben erprobte Werte an.

Tabelle 1. Vorschübe für Senken in Millimetern für 1 Umdrehung.

Zu bearbeitender Werkstoff	Werkzeug		Bohrungen in mm					
			10···15	16···25	26···40	41···60	61···100	101···200
Stahl, Stahlguß, Temperguß, Hartbronze	Spiralsenker	Werkzeugstahl	0,1···0,15	0,15···0,25	0,25···0,35	0,35···0,45	0,45···0,55	—
		Schnellstahl	0,15···0,25	0,25···0,35	0,35···0,45	0,45···0,55	0,55···0,65	—
	Zapfensenker	Werkzeugstahl	0,1	0,1	0,15	0,15	0,2	—
		Schnellstahl	0,1	0,15	0,2	0,2	0,25	—
	Messerstange (Nabenabflächen)	Werkzeugstahl	—	0,02	0,025	0,03	0,04	0,04
		Schnellstahl	—	0,02	0,025	0,03	0,04	0,04
Gußeisen, Rotguß, Messing, Aluminium	Spiralsenker	Werkzeugstahl	0,2	0,25	0,3	0,4	0,5	—
		Schnellstahl	0,25	0,3	0,4	0,5	0,7	—
	Zapfensenker	Werkzeugstahl	0,2	0,2	0,2	0,2	0,2	—
		Schnellstahl	0,2	0,2	0,2	0,2	0,2	—
	Messerstange (Nabenabflächen)	Werkzeugstahl	—	0,05	0,08	0,1	0,1	0,1
		Schnellstahl	—	0,05	0,08	0,1	0,1	0,1

Tabelle 2. Schnittgeschwindigkeiten für Senken in Metern für 1 Minute.

Zu bearbeitender Werkstoff		Spiralsenker		Zapfensenker		Messerstange	
		Werkzeugstahl	Schnellstahl	Werkzeugstahl	Schnellstahl	Werkzeugstahl	Schnellstahl
Gußeisen	weich	10	18	8	12	6	9
	mittel	8	15	7	10	5	8
	hart	6	12	6	8	4	6
Maschinenstahl, Werkzeugstahl, Stahlguß, Temperguß, Hartbronze	weich	10	20	8	14	6	8
	mittel	8	15	7	12	5	6
	hart	5	10	5	8	4	5
Rotguß, Messing, Aluminium	weich	18	40	15	30	15	30
	mittel	16	35	12	25	12	25
	hart	18	40	15	30	15	30

II. Reiben.

A. Sinn und Vorteile des Reibens.

Unter Reiben versteht man in der Metallbearbeitung einen Arbeitsvorgang, bei dem nur feine Späne genommen werden dafür eine besondere Maßhaltigkeit und Genauigkeit der zu bearbeitenden Werkstücke sowie eine glatte Oberfläche der Lochwand angestrebt wird.

Die mit Spiralbohrern gebohrten Löcher haben stets eine rauhe Oberfläche und sind weder maßhaltig noch genau rund und gerade. Etwas genauer werden sie, wenn mit dem Spiralbohrer nur vorgebohrt und dann mit einem drei- oder vierschneidigen Spiralsenker, der eine bessere Führung hat, aufgebohrt wird. Eine größere Genauigkeit ist zu erreichen, wenn man mit dem Spiralbohrer oder Senker eine Führung gibt, z. B. beim Bohren in Bohrvorrichtungen.

Alle so hergestellten Bohrungen genügen jedoch nicht für Wellen oder Spindeln, die paßgerecht hergestellt sind und sich in den Bohrungen drehen, verschieben oder in ihnen festsitzen sollen. Solche Bohrungen müssen ebenfalls paßgerecht nach Grenzlehrdornen hergestellt werden, müssen maßhaltig, sauber, rund und gerade sein. Man kann sie auf dreierlei Art herstellen:

1. durch Nachbohren des vorgebohrten Loches mit einem Bohrstahl bzw. einer Bohrstange und Ausschmirgeln oder Schleifen,

2. durch Feinstbohren und

3. durch Reiben.

Zu 1: Genau maßhaltige Bohrungen sind auf diese Weise schwierig herzustellen, und die Bohrungen werden durch das Schmirgeln nicht gerade. hauptsächlich lange Bohrungen nicht. Auch setzt sich der feine Schmirgelstaub in die Poren des Werkstoffes, besonders bei Gußeisen, wodurch die Oberfläche von Welle und Bohrung bald aufgerauht wird, so daß leicht Neigung zum Festsitzen der Welle entsteht. Solches Verfahren ist auch nur auf der Drehbank möglich. Das Ausschleifen andererseits läßt sich auch dann nicht immer anwenden, wenn die nötigen Einrichtungen vorhanden sind, weil die Bohrung sehr oft in derselben Einspannung, in der sie vorgebohrt wird, auch fertiggemacht werden muß.

Zu 2: Es können genau runde und maßhaltige Löcher hergestellt werden. jedoch muß die Oberfläche bei Gußeisen und Stahl noch durch Ziehschleifen geglättet werden. Bei Leichtmetallen, Messing und Bronze lassen sich die Bohrungen unter Verwendung von Hartmetall oder Diamanten fertigstellen. Da nun aber bei verschiedenen Metallen und auch nicht in allen Fällen durch Feinbohren die Bohrungen fertiggestellt werden können, so muß ein anderes Verfahren angewendet werden, und zwar das Aufreiben mit einer Reibahle.

Zu 3: Das Reiben hat den Vorteil, daß man mit einer maßhaltigen Reibahle eine größere Anzahl Bohrungen von genauem Durchmesser sauber und gerade herstellen kann, unter der Voraussetzung allerdings. daß das zu reibende Loch gut vorgebohrt ist und genügend Zugabe für das Reiben enthält.

Reibahlen müssen sorgfältig behandelt werden. Bei ihrer Anwendung ist folgendes zu beachten: Der Durchmesser muß genaues Maß haben, die Schneidzähne müssen am vollen Durchmesser und Anschnitt rund laufen, nach hinten verjüngt und scharf sein. Der Anschnitt der Zähne muß dem Werkstoff angepaßt und der Vorschub möglichst zwangläufig sein, wenn man saubere und genaue Bohrungen erhalten, Ausschuß der Werkstücke und Brüche der Reibahlen vermeiden will.

B. Arten der Reibahlen.

Nach ihrem Verwendungszweck werden die Reibahlen eingeteilt in:
1. Zylindrische unverstellbare und verstellbare Hand- und Maschinenreibahlen,
2. kegelige Hand- und Maschinenreibahlen.

1. Zylindrische unverstellbare Handreibahlen sind die Urform und werden hauptsächlich zum Aufreiben und auch zum Nachreiben bereits vorgeriebener Löcher verwendet. Ihre Lebensdauer ist jedoch begrenzt, da sich der Durchmesser nach längerem Gebrauch infolge Abnutzung verringert und dann kein maßhaltiges Loch mehr reibt. Sie haben meist sehr lange Schneidzähne und einen langen kegeligen Anschnitt, der zugleich als Führung dient. Der Schaft ist zylindrisch und hat am Ende einen Vierkant (Abb. 92). Man benutzt sie auch in einer anderen Form als Führungsreibahlen (Abb. 93) zum Nachreiben langer oder gegenüberliegender Bohrungen: Der Schaft hat dann den gleichen Durchmesser (d_1) wie der verzahnte Teil (d), jedoch mit Laufsitzpassung. Für das Nachreiben von Löchern mit Längs- und Quernuten verwendet man vorteilhaft Reibahlen mit Spiralzähnen (Abb. 94), die sich durch ein ruhiges Arbeiten auszeichnen und Aufreiben genuteter Löcher oft erst ermöglichen. Das Nachwetzen ist allerdings schwierig und kann richtig nur auf einem Reibahlenwetzapparat (S. 45) vorgenommen werden.

2. Zylindrische verstellbare Handreibahlen haben den Vorteil, daß sie im Durchmesser verändert werden können und dadurch eine längere Lebensdauer haben. Sie sind jedoch nicht so widerstandsfähig wie die unverstellbaren Reibahlen und werden deshalb meist auch nur zum Nachreiben bereits vorgeriebener Bohrungen benutzt. Man kann mit ihnen genau lehrenhaltige Bohrungen reiben. Sie werden im allgemeinen in den Ausführungen Abb. 95···98 hergestellt. Die Reibahle nach Abb. 95 ist im Durchmesser dreimal geschlitzt und wird durch Verschieben einer Kugel a in der in der Reibahle eingebohrten

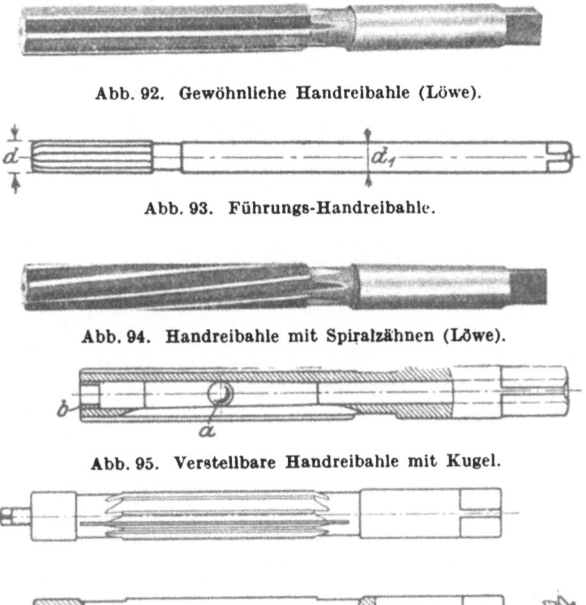

Abb. 92. Gewöhnliche Handreibahle (Löwe).

Abb. 93. Führungs-Handreibahle.

Abb. 94. Handreibahle mit Spiralzähnen (Löwe).

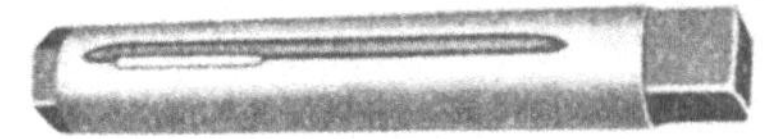

Abb. 95. Verstellbare Handreibahle mit Kugel.

Abb. 96. Verstellbare Handreibahle mit Kegelschraube.

Abb. 97. Einzahnreibahle (Löwe).

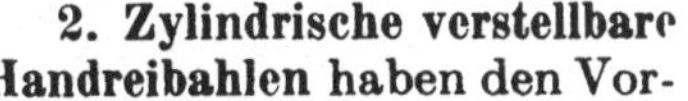

Abb. 98. Verstellbare Handreibahle mit eingesetzten Messern.

kegeligen Bohrung auseinandergespreizt. Das Herausfallen der Kugel wird durch einen in die Bohrung eingepaßten Ring *b* verhindert. Die Reibahle Abb. 96, in gleicher Weise geschlitzt, wird durch eine Schraube mit Kegelzapfen verstellt. Abb. 97 zeigt eine Einzahnreibahle. Sie besteht aus einem genau zylindrisch geschliffenen und gehärteten Führungsschaft mit der Passung Laufsitz (für Einheitsbohrung). In dem Schaft befindet sich nur ein Schneidmesser, das durch eine Schraube mit Kegelschaft in der Höhe verstellt wird. Man verwendet sie hauptsächlich bei langen auf der Maschine geriebenen Bohrungen zum Nachreiben, wobei der Reibahlenkörper als Führung dient. Durch die einseitige Anlage des Reibahlenkörpers in der bereits vorgeriebenen Bohrung ist es möglich, genaue und gerade Bohrungen herzustellen. Abb. 98 zeigt eine verstellbare Handreibahle mit eingesetzten Messern.

3. **Zylindrische unverstellbare Maschinenreibahlen** werden hauptsächlich zum Reiben auf der Maschine benutzt. Sie haben im allgemeinen gerade Schneidzähne, können aber auch Spiralzähne erhalten, dann meist rechtsschneidend mit Linksspirale. Die Reibahlen mit geraden Zähnen werden nur für Bohrungen ohne innere Unterbrechung verwendet. Die spiralverzahnten Reibahlen können auch für Bohrungen mit innerer Unterbrechung benutzt werden.

Abb. 99. Maschinenreibahle mit zylindrischem Schaft.

Beide Arten werden gewöhnlich bis zu einem Durchmesser von 16 mm als Fertigreibahlen, über 16 mm als Vorreibahlen verwendet. Der Anschnitt richtet sich nach der Bearbeitbarkeit der zu reibenden Werkstoffe: für Stahl, Temperguß und Bronze ist er sehr kurz, für Gußeisen etwas länger.

Abb. 100. Maschinenreibahle mit kegeligem Schaft.

Abb. 101. Kurze Maschinenreibahle.

Bis zu einem Durchmesser von 30 mm werden sie gewöhnlich aus einem Stück, über 30 mm für besonderen Halter als Aufsteckreibahlen aus Werkzeug- oder Schnellstahl hergestellt.

Die Abb. 99 ··· 101 zeigen Maschinenreibahlen mit zylindrischem und kegeligem Schaft. Mit zylindrischem Schaft werden sie handelsüblich nur bis zu einem Durchmesser von 12 mm, mit kegeligem Schaft bis 30 mm hergestellt. Reibahlen nach Abb. 101 werden hauptsächlich für Vorrichtungsarbeiten und beim

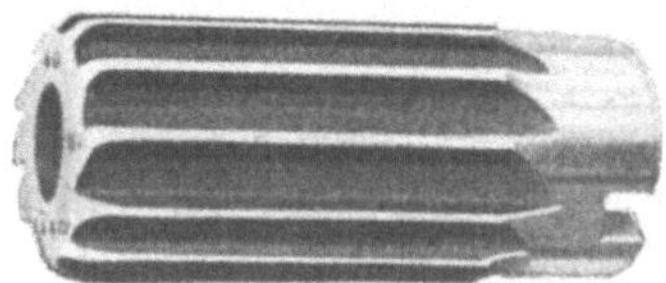

Abb. 102. Aufsteckreibahle.

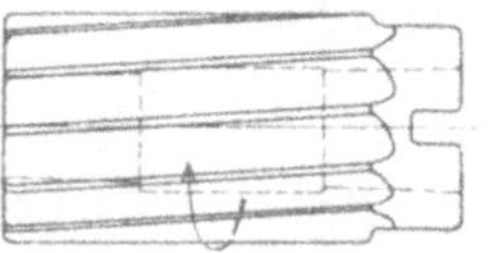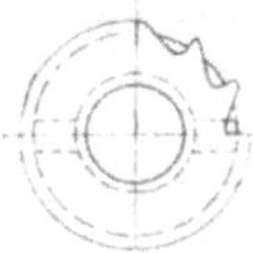

Abb. 103. Aufsteckreibahle mit Spiralzähnen.

Waagerechtbohren unter Verwendung von Führungshülsen benutzt. Zum Aufstecken auf Reibahlenhalter dienen die Reibahlen nach Abb. 102. Sie haben kegelige oder zylindrische Bohrungen. Die mit zylindrischen Bohrungen werden meist zum Aufstecken auf Bohrstangen verwendet. Abb. 103 zeigt eine Aufsteckreibahle mit Spiralzähnen, die fast nur für Sonderbohrungen, z. B. für Bohrungen mit Nuten oder Schlitzen, benutzt wird. Die Windung der Spirale (Schraubenlinie) ist zweckmäßig links, weil dadurch die Saugwirkung vermieden wird. An Stelle von spiraligen Zähnen kann man auch gerade Zähne bei feiner Teilung verwenden.

4. Maschinenstirnreibahlen Abb. 104 u. 105 sind als eine Übergangsform von den Reibahlen zu den Senkern anzusprechen, da sie außer den Umfangszähnen

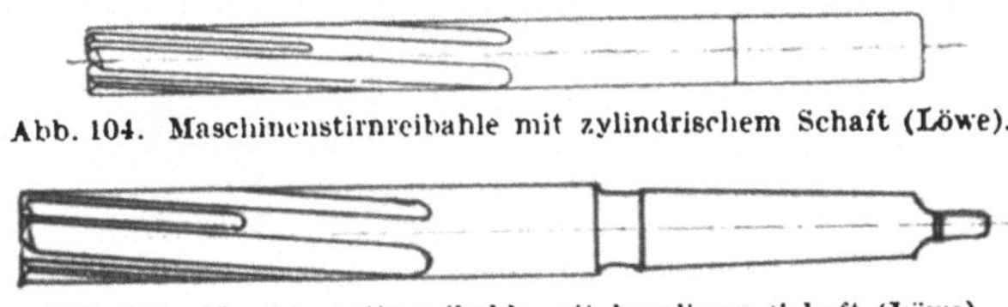

Abb. 104. Maschinenstirnreibahle mit zylindrischem Schaft (Löwe).

Abb. 105. Maschinenstirnreibahle mit kegeligem Schaft (Löwe).

auch Stirnzähne haben. Die Umfangszähne sind nicht hinterarbeitet, dienen also nur zur Führung. Hauptsächlich werden diese Reibahlen zum Nachbohren von Löchern benutzt, deren Abstände genau einzuhalten sind, z. B. auf Lehrenbohrmaschinen, wobei die Reibahlen in Bohrbuchsen geführt werden, oder auch zur Herstellung von hintereinanderliegenden Bohrungen, die genau fluchten sollen.

Beim Nacharbeiten bereits vorgebohrter Löcher haben sie den Vorteil, daß sie sich nicht wie gewöhnliche Reibahlen mit kegeligem Anschnitt nach dem vorgebohrten Loch hinziehen. Vielmehr überwinden sie eine vorhandene Außermittigkeit zwischen der Bohrungs- und der Werkzeugachse dadurch, daß sie mit den Stirnzähnen und nicht mit den Umfangsschneiden arbeiten.

Zur reichlicheren Zuführung des Schmiermittels ist jede zweite Nute zwischen den Schneiden länger eingefräst. Die Umfangsschneiden sind der besseren Führung wegen seitlich nicht hinterschliffen.

5. Verstellbare Maschinenreibahlen sind für die Herstellung genauer Bohrungen am geeignetsten. Man verwendet sie fast nur zum Nachreiben bzw. zum Fertigreiben bereits vorgeriebener Bohrungen. Sie sollen höchstens 0,1···0,2 mm aus

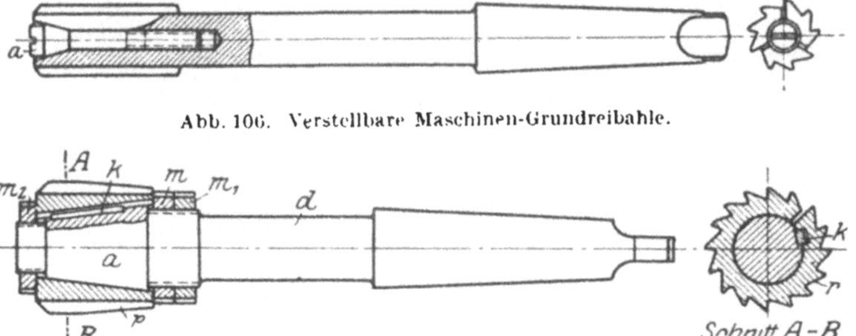

Abb. 106. Verstellbare Maschinen-Grundreibahle.

Abb. 107. Verstellbare Maschinenreibahle.

der Bohrung herausnehmen. Durch Aufspreizen des Reibahlenkörpers oder Nachstellen der im Reibahlenkörper eingesetzten Messer können sie nach Abnutzung stets wieder auf genauen Durchmesser gebracht werden. Ihre Lebensdauer ist daher sehr groß.

Abb. 106 u. 107 zeigen verstellbare Maschinenreibahlen mit festen Zähnen. Die Reibahle Abb. 106 ist dreimal geschlitzt und wird durch eine Kegelschraube a auseinandergespreizt. Die Reibahle Abb. 107 besteht aus einem einmal geschlitzten Zahnkörper r und einem Halter d. Der Körper r wird durch die Muttern m, m_1, m_2 gespreizt und festgezogen, Keil k nimmt ihn zwangläufig mit.

Die Reibahlen Abb. 108 u. 109 haben eingesetzte Messer, die nach der Abnützung nachgestellt und wieder übergeschliffen werden. Die Messer sind leicht
verstemmt und werden beim Verstellen von vorn nach dem Schaft zurückgeschlagen. Das Verstellen ist bei dieser Ausführung schwierig; für kleinere Reibahlen ist jedoch eine andere Konstruktion nicht gut möglich. Die Reibahle Abb. 108

Abb. 108. Normale verstellbare Maschinenreibahle.

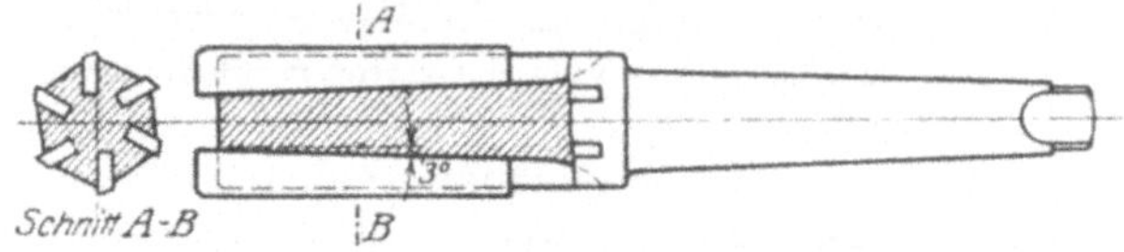

Abb. 109. Kurze verstellbare Maschinenreibahle.

findet allgemeine Verwendung für Durchmesser von 16···40 mm. Abb. 109 ist
eine kurze Ausführung, die in Führungshülsen hauptsächlich beim Bohren in
Vorrichtungen und in der Waagerechtbohrerei benutzt wird, besonders für zwei
gegenüberliegende Bohrungen, wobei sich die Führungshülse in der einen bereits
gebohrten und geriebenen Bohrung führt, so daß die zweite Bohrung genau fluchtend zur ersten gerieben werden kann. (Zum Vorreiben hat man auch entsprechende feste Reibahlen, Abb. 101.)
Die Reibahlen Abb. 110 u. 111 zeigen weitere Ausführungen der verstellbaren

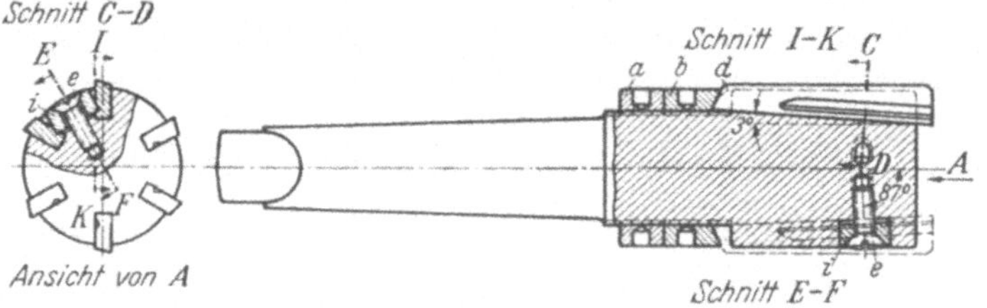

Abb. 110. Kurze verstellbare Maschinenreibahle.

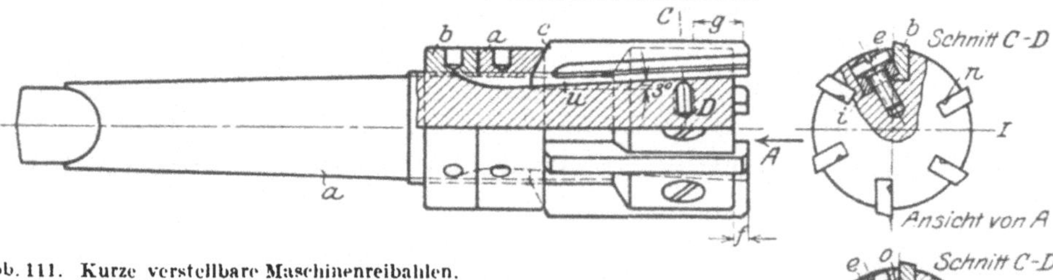

Abb. 111. Kurze verstellbare Maschinenreibahlen.

Grundreibahle. Sie dienen demselben
Zweck wie die Reibahle Abb. 109,
können aber auch mit langem Schaft
wie Abb. 108 ausgeführt werden.
Die Reibahle Abb. 110 wird durch

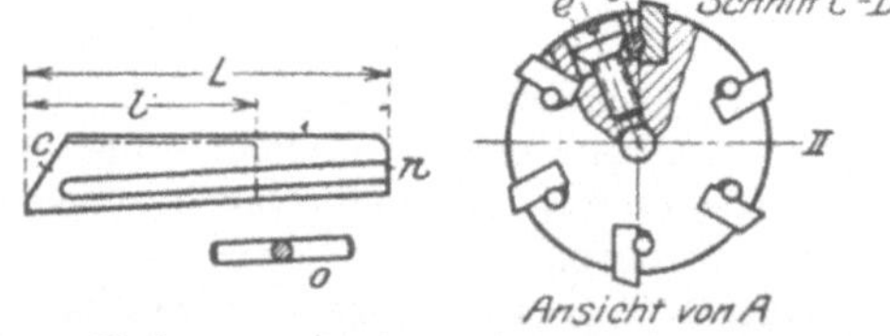

Verschieben der Messer auf ihrer kegeligen Bahn nach dem Schaft zu verstellt,
indem die Mutter a und b und die Klemmschrauben e vorher gelöst werden.
Die Messer werden beim Nachstellen der Reibahlen mit einem Kupferhammer
zurückgeschlagen, so daß die Schrägen d der Messer sich gegen die innere

Schräge der Mutter legen. Dann werden Klemmschrauben und Gegenmutter festgezogen. Die Reibahle muß außen wieder rund und scharf geschliffen werden: doch ist bei geringem Nachstellen ein Nachschleifen nicht immer nötig, da ja durch ein geringes Lösen der Muttern a und b die Messer gleichmäßig an die Muttern nachgeschoben werden. Bei den Reibahlen Abb. 108 u. 109 ist das nicht möglich, da die Messer hinten keinen Gegenhalt finden. Das Schwächerstellen, das seltener vorkommt, geschieht unmittelbar mit der Mutter b, indem zuerst die Klemmschrauben gelöst werden. Die Messer sind im Querschnitt oben und unten gleich dick und werden vorn durch die drei Klemmschrauben e mit Buchsen i festgehalten, immer je zwei Messer zugleich. Sie müssen in den Schlitzen gut passen, dürfen seitlich keine Luft haben, da sonst die Reibahle nicht sauber schneidet. Sie lassen sich natürlich sehr bequem verstellen.

Sind die Messer so weit zurückgestellt, daß ihre vordere Kante mit der Stirnseite der Reibahle abschneidet, dann sind sie unbrauchbar, oder es muß, um sie weiter zu verwenden, ein dünner Blechstreifen untergelegt werden.

In Abb. 111 ist eine Grundreibahle dargestellt, bei der das Nachstellen auf einen größeren Durchmesser wesentlich leichter ist, da die Messer unmittelbar durch die Muttern a und b ohne Zuhilfenahme eines Hammers von dem Maschinenarbeiter sehr genau verschoben werden können. Die Konstruktion der Reibahle ist ähnlich der von Abb. 110, nur daß die Messer, entsprechend der entgegengesetzt geneigten Bahn, an der Mutter am höchsten, an der Stirnseite am niedrigsten sind. Die Ausnützung der Messer ist ebenfalls besser als bei den anderen Konstruktionen: das Messer von der Länge L kann bis auf die Länge l verbraucht werden, und ein Unterlegen von Blechstreifen ist unnötig. Die Messer dürfen aber an der Stirnseite des Reibahlenkörpers immer nur 3···4 mm vorstehen. Wird beim Vorschieben die Entfernung f zu groß, so sind sie gleichmäßig auf einer Rundschleifmaschine abzuschleifen. Dadurch verlieren sie natürlich an Führung, ein Nachteil, den jedoch der Vorteil der Ausführung überwiegt. Für das Schneiden spielt die Verkürzung der Messer keine Rolle, da die Mantelzähne der Maschinenreibahlen nach hinten zu verjüngt werden und doch nur auf der Länge g schneiden.

Die Messer können am vorderen Teil des Reibahlenkörpers durch Schrauben e und Ring i (Seitenansicht I) oder durch Kegelschraube e und Stift o (Seitenansicht II) festgeklemmt werden. Da jedes Messer für sich angezogen wird, so bietet diese Konstruktion eine gute Sicherheit und hat noch den Vorteil, daß das Messer an der Rückseite gut anliegt.

Die Konstruktion Abb. 110, bei der immer eine Buchse zwei Messer festklemmt, ist natürlich auch hier anwendbar, wie umgekehrt, diese Konstruktionen dort.

Abb. 112 zeigt eine doppelte verstellbare Maschinenreibahle mit eingesetzten Messern und zwei Führungen a und b. Es ist eine Sonderausführung, wie sie beim Reiben in Vorrichtungen verwendet wird. Auch hierbei läßt es die Konstruktion nicht immer zu, die Messer durch Muttern zu verstellen, sondern es muß oft die unbequeme Verstellung wie bei Abb. 108 u. 109 angewendet werden.

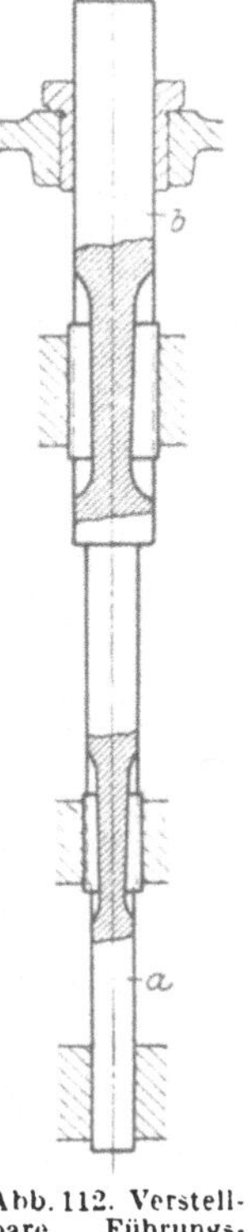

Abb. 112. Verstellbare Führungs-Doppelreibahle.

Abb. 113 u. 114 zeigen verstellbare Aufsteckreibahlen. Die Konstruktion der Reibahle Abb. 113 entspricht der Abb. 110. Bei Abb. 114 sind auf den Reibahlenkörper auswechselbare Messer aufgeschraubt. Nachgestellt wird hier durch Unterlegen von dünnem Papier oder Blechstreifen.

Abb. 113. Verstellbare Aufsteckreibahle (Loewe).

Abb. 114. Verstellbare Aufsteckreibahle.

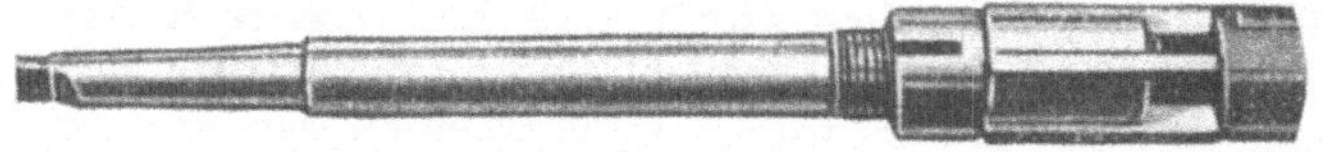

Abb. 115. Verstellbare Maschinenreibahle für durchgehende Bohrungen.

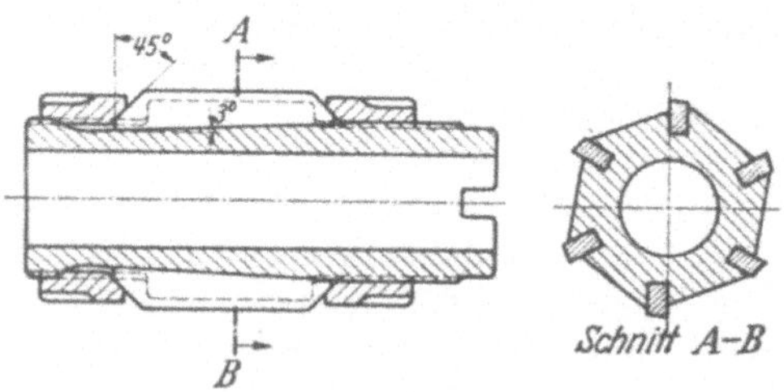

Abb. 116. Verstellbare Aufsteckreibahle.

Verstellbare Reibahlen nach Abb. 115 können wegen der vorderen Mutter nur für durchgehende Löcher gebraucht werden, haben dafür den Vorteil, daß die Messer durch die beiden Muttern bequem und genau eingestellt werden können. Sie werden mit kegeligem und zylindrischem Schaft hergestellt. Von 60 mm ⌀ an kann man diese Reibahlen zum Aufstecken ausführen (Abb. 116). Eine Sonderausführung zeigt Abb. 117. Sie hat zwei Führungen und wird beim Bohren in Vorrichtungen verwendet.

Reibahlen nach Abb. 118 werden bis zu 200 mm ⌀ hergestellt. Sie haben zylindrische Bohrungen und sind besonders für die Waagerechtbohrerei unter Verwendung langer Halter und Bohrstangen bestimmt.

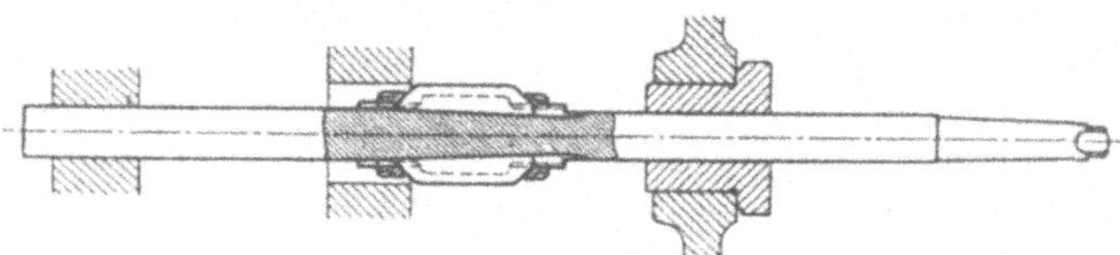

Abb. 117. Verstellbare Führungsreibahle.

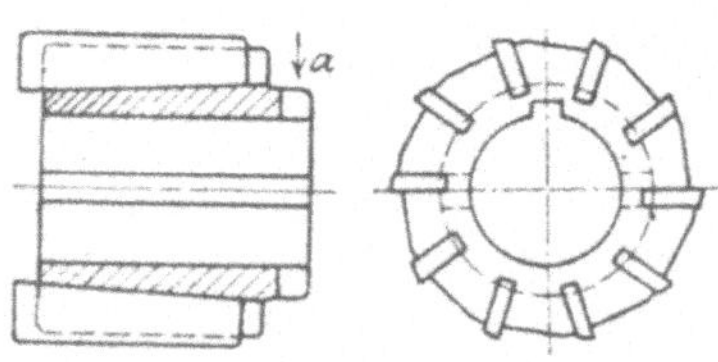

Abb. 118. Verstellbare Aufsteckreibahlen
für große Bohrungen über 100 mm Durchmesser.

Abb. 119. Schleppmesserreibahle (Hommelwerke G. m. b. H.,
Mannheim-Käfertal).

Eine bessere Ausführung großer verstellbarer Reibahlen zeigt die Abb. 119, die als Schleppmesserreibahlen für Bohrungen bis zu 400 mm ⌀ hergestellt werden. Sie finden Verwendung für größere Maschinenteile, wie Zylinder für Lokomotiv-, Dampf- und Schiffsmaschinen, Motoren, Pumpen, Kompressoren, ferner für genaue Bohrungen an Pressen, Lokomotiv- und Wagenrädern, Lagern usw.

Die Bezeichnung „Schleppmesserreibahle" ist durch die eigenartige Anordnung der verstellbaren Messer entstanden, die in der Schneidrichtung nicht geschoben, sondern gezogen bzw. geschleppt werden. Durch diesen „ziehenden Schnitt" entstehen saubere Bohrungen, die weiterer Nacharbeit nicht mehr bedürfen. Die Verstellbarkeit der Messer liegt in den Grenzen von 3···12 mm bei einem Durchmesserbereich von 50···400 mm. Die Messer werden sehr leicht und genau durch Stellschrauben verstellt,

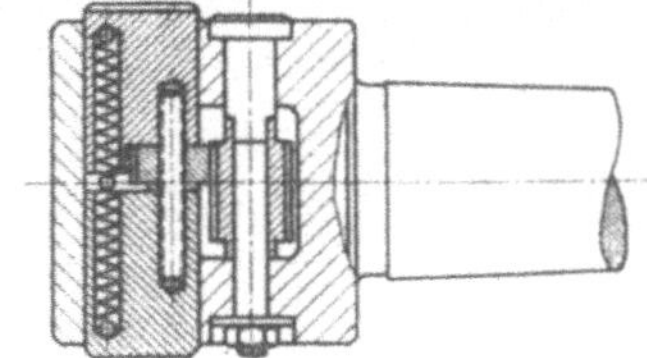

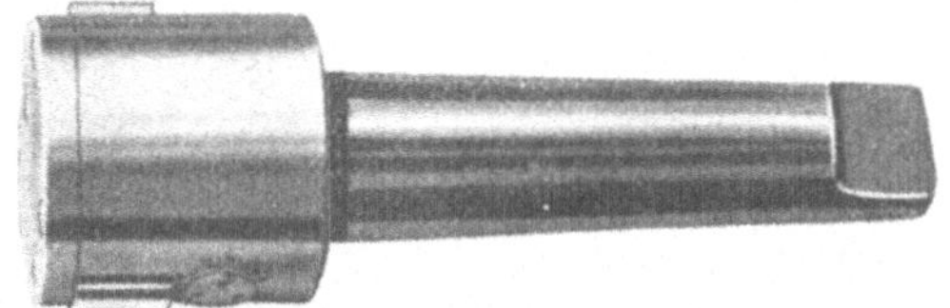

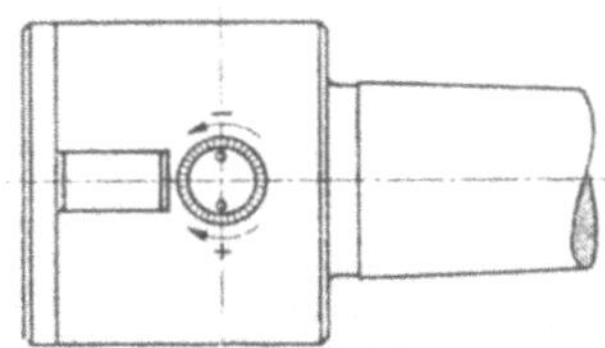

Abb. 120.   Abb. 121.
Abb. 120 u. 121. Verstellbare Reibahle mit pendelnden Messern (M. Koyemann Nachf. Puchstein & Co., Düsseldorf).

so daß die Reibahle für Paßbohrungen verschiedener Sitze verwendbar ist.

Reibahle mit pendelnden Messern, Abb. 120. Diese Bauart, bei der die Messer sich quer zur Achse verschieben können, hat sich in der Praxis gut bewährt. Diese Reibahlen werden in den Größen von 25···600 mm ⌀ hergestellt. Das Reiben mit ihnen erfordert eine genau runde, möglichst mit einem Bohrstahl vorgebohrte Bohrung, mit einer Reibzugabe von 0,1···0,2 mm, doch braucht nicht vorgerieben zu werden. Die Reibahle besitzt nur zwei Messer, die im Körperschlitz pendeln können. Sie ist daher auch auf Revolverdrehbänken gut zu verwenden, doch müssen die Messer in senkrechter Ebene liegen, um vorhandene Abweichungen zwischen Spindel- und Werkzeugachse

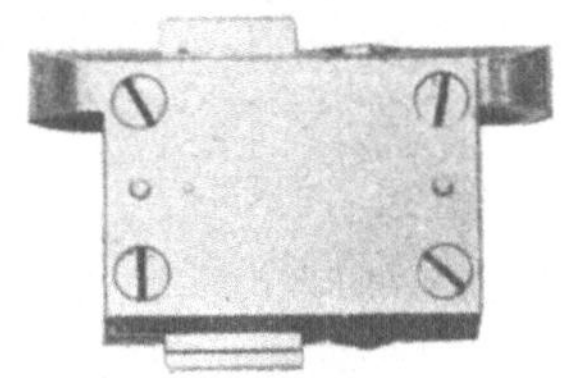

Abb. 122.   Einbaureibahle mit pendelnden Messern.

auszugleichen. In dem gehärteten und geschliffenen Körper (Abb. 121) sind die zwei Reibahlenmesser in einem Schlitz mit Feinpassung radial geführt. Durch die Zugfedern werden sie stets nach der Mitte gezogen, ohne die Querbewegung zu behindern. Durch Mikrometerspindel, Ritzel und Gewindespindel werden die Messer verstellt. Der Kopf der Mikrometerspindel trägt eine Teilung, die gestattet, die Durchmessereinstellung auf 0,01 mm (plus oder minus) genau abzulesen. Auf diese Weise kann sehr leicht und genau eingestellt werden. Die Verstellbarkeit beträgt 3···100 mm (auf den Durchmesser bezogen) bei einem Durchmesserbereich von 25···600 mm. Deshalb sind diese Reibahlen für die Sitze der verschiedenen Passungen einer Bohrung gut verwendbar.

Die Abb. 122 zeigt eine Einbaureibahle derselben Bauart, die in Reibestangen nach Abb. 123 eingesetzt wird.

Für schwer zu bearbeitende Werkstoffe, bei denen Reibahlen aus Werkzeug- und Schnellstahl versagen, empfiehlt es sich, Reibahlen mit Hartmetallschneiden zu verwenden (Abb. 124).

Kreuzverzahnte Reibahlen DRP (Abb. 124) haben verstellbare Messer, die gegeneinander und zur Längsachse geneigt, bald eine Schneid- bald eine

Schabewirkung ausüben. Diese Wechselwirkung erzielt besonders dann eine glatte
Oberfläche, wenn die schneidenden und schabenden Messerteile in einem be-

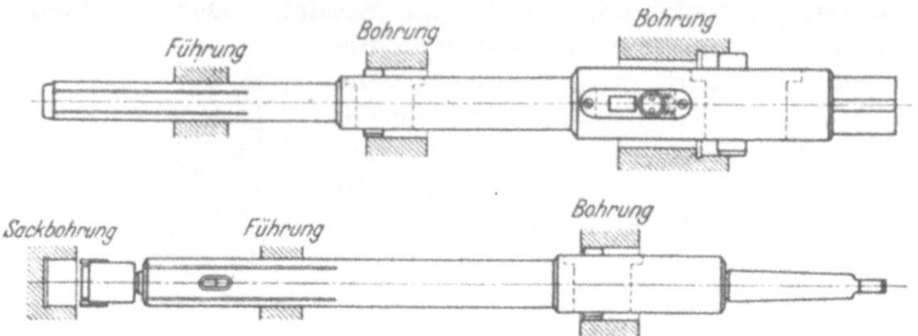

Abb. 123. Halter für Einbaureibahlen.

stimmten Verhältnis zueinander stehen. Die Vorteile dieser Reibahlen sind
folgende:

1. ratterfreies Arbeiten,
2. glatte, genaue zylindrische Bohrungen,
3. unbehindertes Reiben genuteter Bohrungen.

Die Größenverstellung der Messer erfolgt mittels
Muttern, und zwar entgegengesetzt den üblichen Ausführungen in Richtung der Stirnseite (siehe auch
Abb. 111), indem man vorerst die Klemmstücke löst,
wobei ein Klopfen beim Verstellen der Messer ver-

Abb. 124. Kreuzverzahnte verstellbare Reibahle mit Hartmetallschneiden (Löwe).

mieden wird. Durch eine Skala kann man $^1/_{100}$ mm ablesen.

Zum Reiben tiefer Löcher werden vorteilhaft Reibahlen mit Ölzuführung
von innen durch den Halter nach Abb. 125 verwendet. Der Halter ist durchbohrt

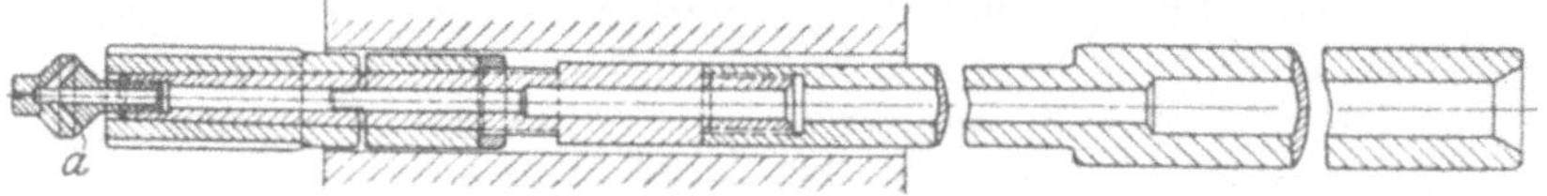

Abb. 125. Aufsteckreibahle mit Ölzuführung durch den Halter.

und trägt vorn ein Verschlußstück mit Öllöchern *a*, durch die das Öl an den Anschnitt der Reibahle fließt — gegebenenfalls unter mäßigem Druck.

6. Kegelige Hand- und Maschinenreibahlen. Zum Aufreiben kegeliger Bohrungen werden Kegelreibahlen verwendet. Die Bohrung wird zylindrisch nach
dem kleinsten Durchmesser vorgebohrt und dann entweder von Hand oder mit

Abb. 126. Kegel-Handreibahle.   Abb. 127. Kegel-Maschinenreibahle mit Spiralzähnen.

der Maschine kegelig aufgerieben. Tiefe Löcher werden zweimal vorgebohrt:
außer mit dem kleinsten Durchmesser noch mit dem mittleren Durchmesser des
Kegelloches bis zur halben Länge des Loches, damit die Reibahle eine bessere
Führung bekommt und die Reibezeit verringert wird. Für größere kegelige
Bohrungen verwendet man Vor- und Fertig- oder Vor-, Nach- und Fertigreibahlen.

Abb. 126 zeigt eine kegelige Handreibahle. Sie muß beim Reiben öfter aus dem
Loch herausgezogen werden, da infolge der geraden Zähne die Spannuten leicht
verstopfen. Besser geeignet sind die Reibahlen mit Spiralzähnen nach Abb. 127.

Sie sind hauptsächlich für **Maschinenbetrieb** bestimmt, da wegen des Linksdralles der Vorschubdruck groß ist. Die Leistung dieser Reibahle ist um 60%
höher als die der Handreibahle nach Abb. 126.

Für das Aufreiben steilerer Kegel, z. B. Morse- oder metrischer Kegel, werden
drei Reibahlen nach Abb. 128 u. 129 verwendet. Sie werden von Hand mit einem

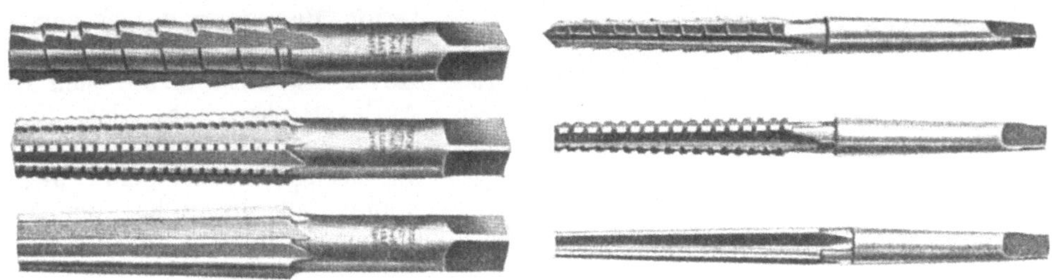

Abb. 128. Kegel-Handreibahlen zum Vor- und Fertigreiben.

Abb. 129. Kegel-Maschinenreibahlen zum Vor- und Fertigreiben.

Windeisen oder zum Reiben von Spindelkegeln auf der Drehbank benutzt. Abb. 129
zeigt kegelige Maschinenreibahlen für Bohrmaschinen; Abb. 130 u. 131 zeigen
einfache und Doppelkegelreibahlen mit Führungsschaft. Für große kegelige
Lagerbohrungen werden zweckmäßig
Aufsteckreibahlen nach Abb. 132 u. 133
verwendet, hauptsächlich in der Waagerechtbohrerei: jene (Abb. 132) zum
Vorreiben bzw. Aufreiben der zylindrisch vorgebohrten Bohrung,
diese (Abb. 133) zum Nachreiben.
Für das Aufreiben von Nietlöchern in Kesselböden u. dgl.
werden Spiralreibahlen nach

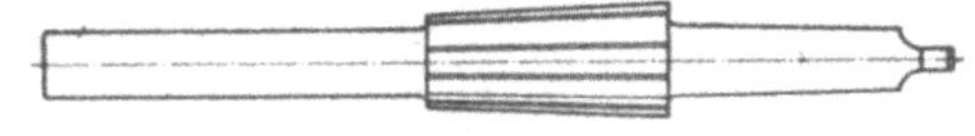

Abb. 130. Kegel-Führungsreibahle.

Abb. 131. Doppelkegel-Führungsreibahle.

Abb. 134 benutzt. Da die vorgebohrten Löcher in den Blechen oft nicht genau
übereinanderliegen, ist der Außendurchmesser der Reibahle vorn auf ein Drittel
der Arbeitslänge verjüngt.

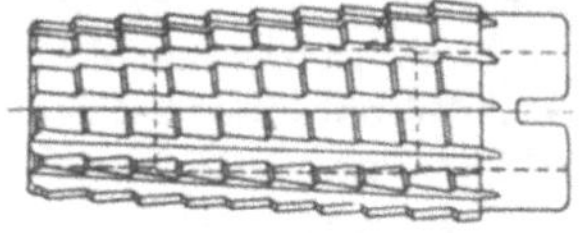
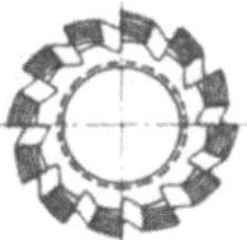
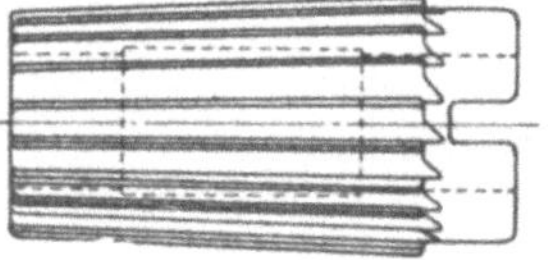
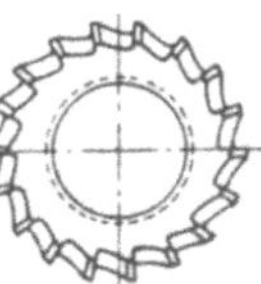

Abb. 132. Kegel-Vorreibahle zum Aufstecken.

Abb. 133. Kegelige Nachreibahle zum Aufstecken.

Abb. 134. Spiralreibahle für Nietlöcher (Löwe).

C. Pendelreibahlen.

7. Anwendung. Pendelreibahlen Abb. 135 werden auf Maschinen verwendet, bei denen sich die Achsen von Arbeitsspindel und Werkzeughalter durch
Abnutzung leicht so gegeneinander verschieben, daß sie nicht mehr fluchten,
z. B. bei Revolverbohr- und -drehbänken. Sie haben keine feste Einspannung,

sondern pendeln an der Einspannstelle. Solange die Maschine neu ist und die Achsen von Maschinenspindel und Werkzeughalter zusammenfallen, wäre eine Pendelreibahle nicht nötig (Abb. 136). Doch dieser Zustand dauert meist nicht sehr lange: Durch die andauernde, schiebende Bewegung des Revolverschlittens und die drehende des Revolverkopfes nützen sich die Auflageflächen ab: der Kopf senkt sich, so daß die Achse des Werkzeuges tiefer zu liegen kommt als die Achse der Maschinenspindel (*e*, Abb. 137 I). Eine weitere Ungenauigkeit tritt bei der Verriegelung des Revolverkopfes infolge des dauernden Umschaltens ein: Es entsteht ein seitlicher Winkelausschlag α der Werkzeugachse (Abb. 137 II). Eine fest eingespannte Reibahle müßte sich nun in das vorgebohrte Loch hineinzwängen, das Loch würde vorne aufgeweitet, es bekäme „Vorweite" (Abb. 138). Um dies zu vermeiden, werden die Reibahlen pendelnd eingespannt. Der Pendelpunkt muß bei Revolverköpfen möglichst nahe am Drehpunkt des Kopfes liegen, also Maß *c* (Abb. 139) klein sein, um den Winkel α (Abb. 137) zwischen Werkstück und Reibahlenachse möglichst klein zu halten. Der Pendelschaft darf in der Hülse nicht zu viel Luft haben, da sich die Reibahle sonst schlecht einstellt, besonders wenn sie ganz kurzen Anschnitt hat. Reibahlen mit langem Anschnitt stellen sich noch eher ein, da der vordere verjüngte Teil sich ein kurzes Stück in die Bohrung einführt. Um einen Ausgleich für die Richtung der

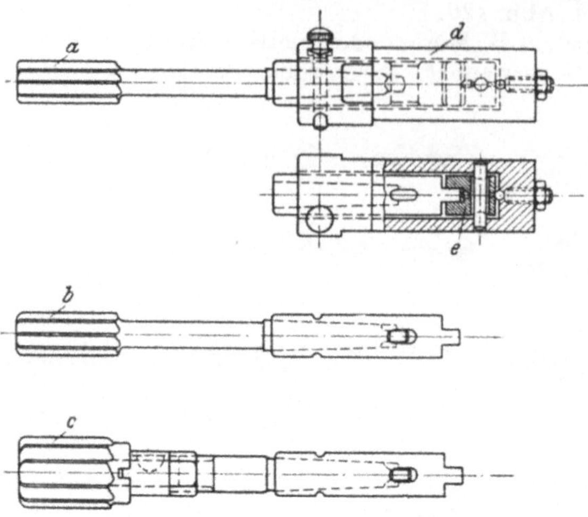

Abb. 135. Pendelhülsen und Reibahlen.
a Vorreibahle; *b* Nachreibahle; *c* Aufsteckreibahle mit Dorn

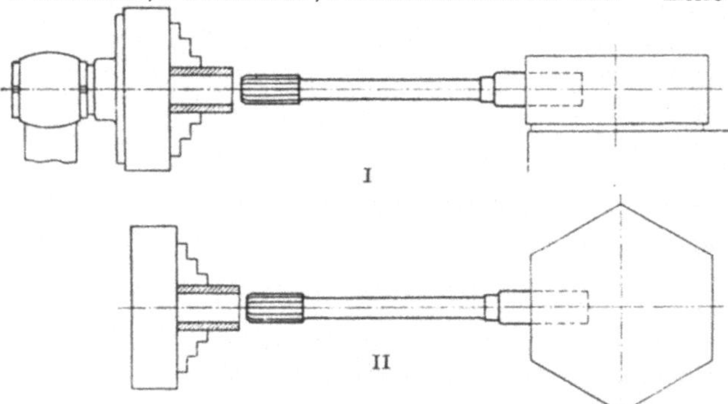

Abb. 136. Fluchten von Revolverkopf- und Spindelachse (neue Maschine).

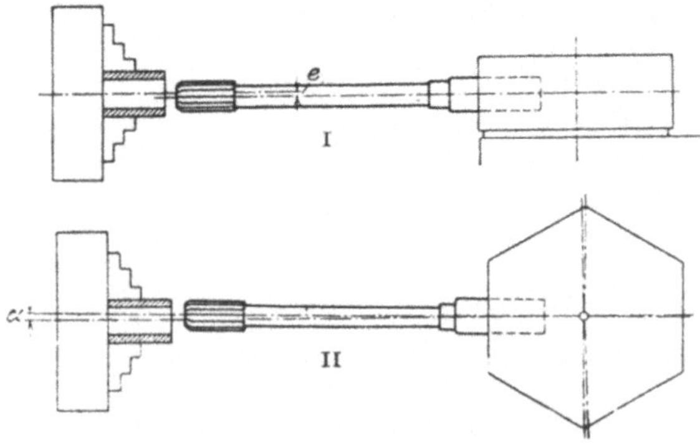

Abb. 137. Verlagerung der Achsen durch Abnutzung der Schlittenführung und der Verriegelung.

Zähne zu schaffen, der durch Knickung am Pendelpunkt nötig wird, muß die Reibahle im Außendurchmesser nach hinten zu verjüngt werden (Abb. 140).

Das muß im allgemeinen mehr sein als bei gewöhnlichen Maschinenreibahlen. Ist z. B. der Winkel α (Abb. 140) = 2°, so muß der Winkel β der Zähne gegen die x-Achse etwas größer als 2° sein.

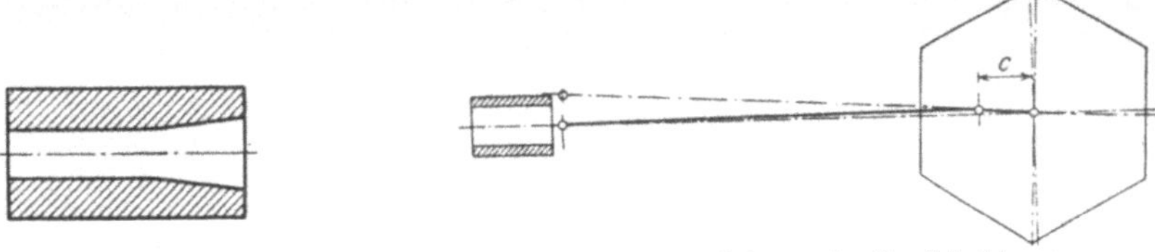

Abb. 138. Bohrung mit Vorweite.   Abb. 139. Schema der Pendelwirkung.

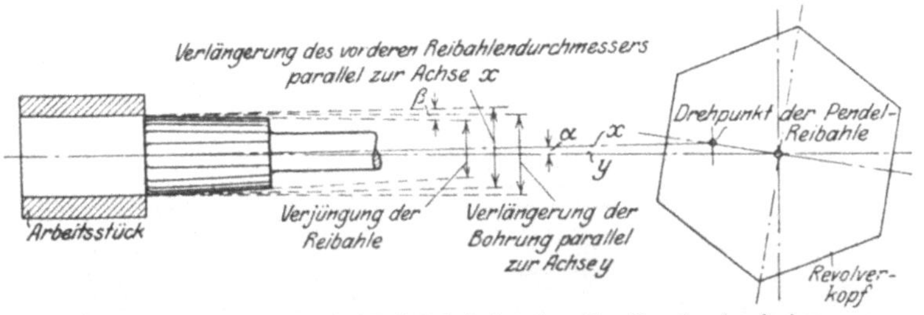

Abb. 140. Verjüngung der Reibahle bei verlagerter Revolverkopfachse.

8. Nachprüfen der Arbeitsspindel- und Werkzeugmitte einer Revolverdrehbank. Es ist notwendig, eine Maschine, auf der Pendelreibahlen verwendet werden, in gewissen Zeitabschnitten auf Achsparallelität und Winkelausschlag nachzuprüfen. Die Praxis hat Fälle gezeigt, in denen die Werkzeugmitte etwa 1 mm tiefer lag als die Spindelmitte (Maß e Abb. 137 I): Dann erfüllt natürlich auch die Pendelreibahle ihren Zweck nicht mehr. Die Maschine muß unbedingt nachgearbeitet werden. Die Verlagerung der Achsen von Arbeitsspindel und Werkzeug ist nicht nur für die Reibahle schädlich, sondern auch für den Bohrer und Senker. Ist sie zu groß, dann wird stets ein Klemmen und Abdrängen entstehen, wodurch der Revolverkopf vollständig verdorben wird. Ein Vorteil wäre es, wenn der Unterschlitten, auf dem sich der Revolverkopfschlitten verschiebt, mit gehärteten Stahlleisten versehen würde, dann würde die Abnützung sich ganz bedeutend vermindern.

D. Zahnung der Reibahlen.

9. Zähnezahl. Sie wird nach der Erfahrung bestimmt. Meist empfiehlt es sich, eine mittelgroße Anzahl zu nehmen, da einerseits der Kraftbedarf mit der Zähnezahl wächst, andererseits feiner gezahnte Reibahlen sauberere Lochwände geben als grob gezahnte. Aus einer Erfahrungsformel die Zähnezahl genau zu bestimmen, ist nicht gut möglich, weil Reibahlen mit Rücksicht auf das Messen der Durchmesser im allgemeinen nur gerade Zähnezahlen erhalten.

Die Zähnezahl liegt bei festen Reibahlen zwischen 6 und 18 für einen Durchmesserbereich von 3···100 mm, bei nachstellbaren Reibahlen mit eingesetzten Messern zwischen 6 und 12 für einen Durchmesserbereich von 16···150 mm. Feste Reibahlen erhalten gewöhnlich mehr Zähne als nachstellbare, da bei diesen die Konstruktion eine größere Anzahl nicht zuläßt, nämlich den Reibahlenkörper zu sehr schwächen würde. Die in den Zahlentafeln zu Abb. 141···143 angegebenen Zähnezahlen haben sich in der Praxis gut bewährt.

Vielfach wird der Grund unsauberer oder ratteriger Bohrungen in der geraden oder ungeraden Zähnezahl gesucht. Beide Ausführungen werden jedoch bei ordentlicher Instandhaltung und Herrichtung saubere Löcher ergeben; denn für die Arbeitsleistung der Reibahle ist es gleichgültig, ob die Zähnezahl gerade oder ungerade ist. Für die gerade Zähnezahl spricht nur, daß sie, wie schon erwähnt, das Messen der Außendurchmesser mit der Mikrometerschraube gestattet, was die ungerade Zähnezahl nicht tut. Bei ihr kann der Durchmesser nur mit

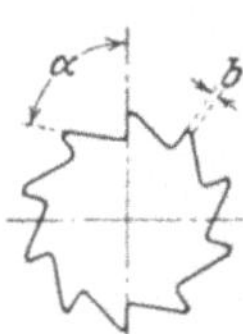

Abb. 141.

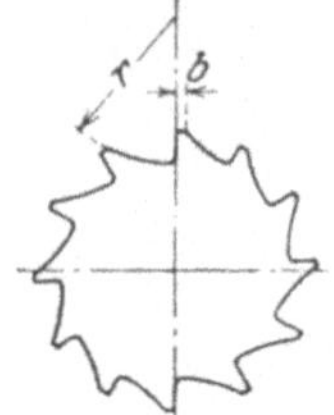

Abb. 142.

Abb. 143.

$\varnothing$ der Reibahle	Zähnezahl	α °	b
3···6	6	80	0,4
7···10	6	80	0,5
11···12	8	80	0,7
13···15	8	80	0,9
16···17	8	80	1,1
18···19	8	85	1,1
20···23	10	85	1,1

$\varnothing$ der Reibahle	Zähnezahl	r	b
24···30	10	25	1,3
31···43	12	25	1,6
44···59	14	25	1,9
60···78	16	35	2,2
79···100	18	35	2,5

Abb. 141···143. Zähnezahlen der Reibahlen.

$\varnothing$ der Reibahle	b	Zähnezahl
16···18	2	6
19···23	2,5	6
24···28	3	6
29···35	3,5	6
36···42	4	6
44···50	4,5	8
52···65	5	8
68···82	6	10
85···100	7	10
102···128	7	10
130···150	8	12

einem Kaliberring gemessen werden oder nach Ausfüllung einer Zahnlücke mit einer leicht schmelzbaren Legierung, die nach dem Rundschleifen und Messen wieder entfernt wird. Diese Verfahren sind jedoch sehr umständlich und zeitraubend.

10. Zahnverlauf. Reibahlen besitzen gerade oder spiralförmige (schraubenförmige) Zähne. Die geraden Zähne kommen am häufigsten vor; sie bewähren sich bei richtiger Behandlung des Anschnittes und des äußeren Durchmessers und bei richtig mit Senker oder Bohrstange vorgebohrtem Loch sehr gut. Sie haben den Vorzug, daß der äußere Durch

Abb. 145. Reibahlen mit geraden und Linksdrallzähnen.

messer sich sicher messen läßt und daß ihre Herstellung und Instandhaltung bedeutend einfacher ist als die der Spiralzähne. Es ist jedoch nicht immer möglich, Reibahlen mit geraden Zähnen zu verwenden, z. B. nicht bei Werkstücken, deren Bohrung unterbrochen ist (Abb. 144). In diesem Fall ist der Spiralzahn besser, da er in die Unterbrechung nicht einhakt. Die Richtung des Dralles beim Spiral

Abb. 144. Werkstück mit unterbrochener Bohrung.

zahn soll entgegengesetzt der Schnittrichtung sein (Abb. 145), damit sich die Reibahle durch den Schnittdruck nicht in die Bohrung hineinzieht, wenn sie von Hand vorgeschoben wird oder sich nicht löst, wenn sie mit Kegelschaft in der Maschine sitzt. Es soll also die Spirale bei der üblichen Schnittrichtung links sein.

Die Spiralzähne mit entgegengesetztem, linkem Drall haben, abgesehen von Herstellung und Instandhaltung gegenüber geraden Zähnen noch den Nachteil, daß sie etwas größeren Vorschubdruck verlangen, d. h. daß bei gleicher Zähnezahl zum Vorschieben der Reibahle etwas mehr Kraft nötig ist als für gerade Zähne. Näheres siehe unter III C (S. 56). Und schließlich hat der linksspiralige Zahn einen weniger schälenden, d. h. weniger günstigen Schnitt und weniger guten

Spanabfluß als der gerade Zahn, wie Abb. 145 erkennen läßt. Darin gibt a die Schnittgeschwindigkeit, b den Vorschub und c die aus beiden sich ergebende resultierende Schnittbewegung an, die am ungünstigsten ist, wenn sie rechtwinklig zum Zahn steht. Man erkennt nun leicht, daß sie beim linksspiraligen Zahn sich dieser Lage mehr nähert als beim geraden. Vielfach wird auch angenommen, daß durch spiralgenutete Reibahlen die Bohrung besonders sauber und von Rattermarken frei wird: in Wirklichkeit hat der Zahnverlauf keinen Einfluß. Rattert die Reibahle, so verteilen sich bei Spiralzähnen die Rattermarken spiralig am Umfang der Lochwandung.

11. Zahnteilung. Die Zähne der Reibahlen werden gewöhnlich nicht gleichmäßig, sondern ungleichmäßig verteilt am Umfang eingefräst, um das Unrundwerden der Löcher und die Rattermarkenbildung zu vermeiden.

Zweckmäßig führt man die Ungleichheit der Teilungen nicht so durch, daß alle Teilungen verschieden groß sind, sondern man macht gegenüberliegende Teilungen einander gleich, so daß sich nach einem halben Umgang um die Reibahle die Teilungen wiederholen. Dadurch erreicht man, daß immer gleiche Lücken und je zwei Schneiden einander genau gegenüberliegen. Abb. 146 zeigt eine derartige Ungleichteilung für sechs Zähne, bei der also $w_1 = w_4$, $w_2 = w_5$, $w_3 = w_6$ ist und bei der die Zähne 1 und 4, 2 und 5, 3 und 6 einander gegenüberliegen. Solche Art von Ungleichteilung genügt erfahrungsgemäß durchaus, um den Zweck zu erreichen: sie ist dazu aber für die Herstellung und Instandhaltung viel günstiger als volle Ungleichteilung, weil man den Außendurchmesser an jedem Zähnepaar bequem messen kann.

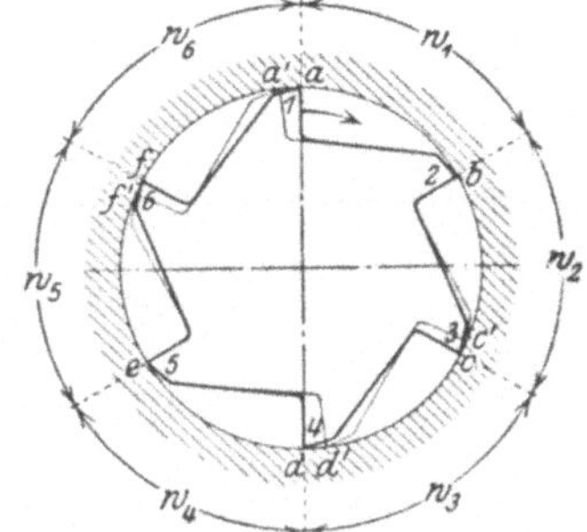

Abb. 146. Ungleiche Teilung.

Der günstige Einfluß der Ungleichteilung rührt daher, daß beim Drehen der Reibahle um eine Teilung die Zähne nicht alle wieder an Stellen der Lochwand kommen, an denen vorher Zähne gestanden hatten. Dreht man die Reibahle mit gleicher Teilung (Abb. 147) um eine Teilung w, so kommt Zahn 1 an Stelle b der Lochwand, Zahn 2 an Stelle c usw. Waren nun an den Stellen a, b, c kleine Späne stehengeblieben, so stoßen die nächsten Zähne wieder alle zur selben Zeit darauf, und die Reibahle stockt etwas. Durch Wiederholung

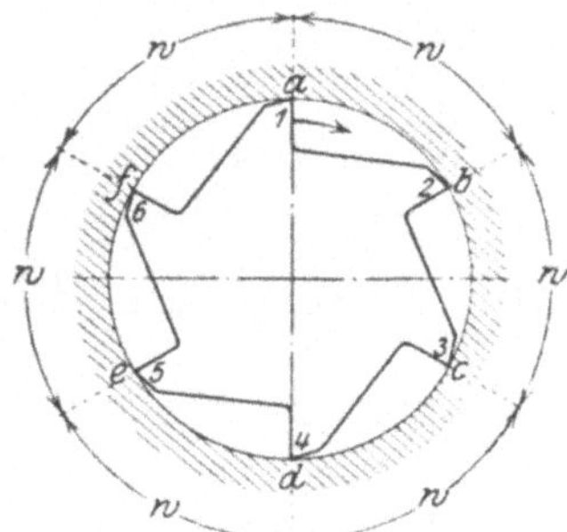

Abb. 147. Gleiche Teilung.

dieses Vorganges kann man sich die Rattermarken entstehen denken. Anders bei der Ungleichteilung, Abb. 146. Dreht man die Reibahle um die Teilung w_1, so kommt Zahn 1 an die Stelle b der Lochwand, Zahn 2 aber nicht bis c, sondern nur bis c', Zahn 3 nicht bis d, sondern bis d' usw., nur Zahn 4 kommt nach e, dagegen Zahn 5 nur nach f' und Zahn 6 nach a'.

So treffen also niemals alle Zähne zu gleicher Zeit auf die früheren Stellen. Verfolgt man diesen Vorgang für eine ganze Umdrehung der Reibahle, so kommt nur an zwei Stellen sechsmal ein Zahn hin, dagegen an zwölf Stellen zweimal, während bei gleicher Teilung sechs Zähne sechsmal an dieselbe Stelle kommen[1].

12. Einfräsen der Zähne[2]. Die Ungleichteilung hat den Nachteil, daß beim

<hr>

[1] Näheres s. REINDL: Z. Masch.-Bau/Der Betrieb Jg. 3 (1924) Heft 16.
[2] Vgl. Werkstattbücher Heft 6 ,,Teilkopfarbeiten".

Einfräsen der Zähne der Tisch der Maschine gehoben bzw. gesenkt werden muß, um eine gleichmäßig breite Fase zu erhalten. In Abb. 141···143 sind die Zähnezahlen und Fasenbreiten angegeben. Reibahlen bis zu 23 mm ⌀ werden gewöhnlich mit feingezahnten Winkelfräsern (Abb. 148), über 23 mm mit hinterdrehten Formfräsern (Abb. 149) gefräst. Durch das Fräsen mit dem Formfräser wird der Zahn nach der Spitze zu mehr verjüngt, wodurch die Reibahle beim Nachschleifen die Fasenbreite länger beibehält.

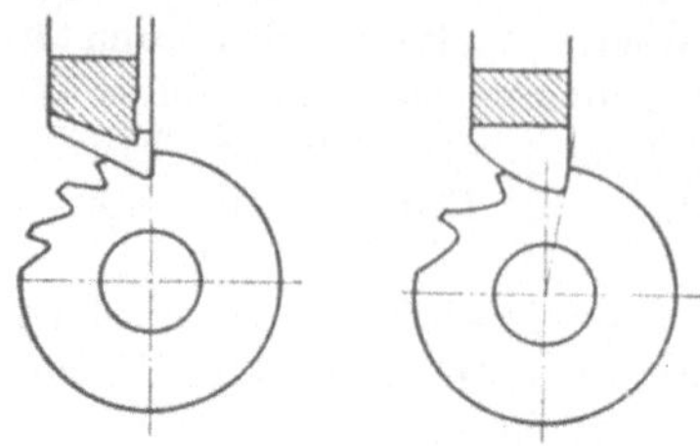

Abb. 148. Abb. 149.

Abb. 148 u. 149. Fräser für Reibahlenzähne.

Die Tabelle 3 gibt neben den Winkeln für Ungleichteilung zugleich die beim Fräsen mit dem üblichen Teilkopf (Schneckenrad mit 40 Zähnen) nötigen Kurbelumdrehungen und Lochzahlen. Die Winkel w_1, w_2, ... sind so gewählt, daß man mit nur zwei verschiedenen Lochreihen der Teilscheibe (*27* und *49*) auskommt.

Tabelle 3. Winkel zum Ungleichteilen der Reibahlen mit dem Teilkopf.

Zähnezahl	$w_1 =$	Umdrehungen	Löcher	$w_2 =$	Umdrehungen	Löcher	$w_3 =$	Umdrehungen	Löcher	$w_4 =$	Umdrehungen	Löcher	$w_5 =$	Umdrehungen	Löcher
6	58° 2′	6	22	59° 53′	6	32	62° 5′	6	44						
8	42°	4	32	44°	4	44	46°	5	6	48°	5	16			
10	33°	3	34	34° 30′	3	41	36°	4	—	37° 30′	4	8	39°	4	15
12	27° 30′	3	3	28° 30′	3	8	29° 30′	3	14	30° 30′	3	19	31° 30′	3	24
14	23° 30′	2	30	24° 15′	2	34	25°	2	38	25° 45′	2	43	26° 30′	2	46
16	20° 30′	2	14	21°	2	17	21° 30′	2	20	22° 15′	2	23	22° 45′	2	26
18	17° 20′	1	25	18°	2	—	18° 40′	2	2	19° 20′	2	4	20°	2	6
20	15°	1	18	15° 40′	1	20	16° 20′	1	22	17°	1	24	17° 40′	1	26
22	13°	1	12	13° 40′	1	14	14° 20′	1	16	15°	1	18	15° 40′	1	20

Zähnezahl	$w_6 =$	Umdrehungen	Löcher	$w_7 =$	Umdrehungen	Löcher	$w_8 =$	Umdrehungen	Löcher	$w_9 =$	Umdrehungen	Löcher	$w_{10} =$	Umdrehungen	Löcher	$w_{11} =$	Umdrehungen	Löcher
12	32° 30′	3	30															
14	27°	3	—	28°	3	5												
16	23° 15′	2	29	24°	2	32	24° 45′	2	35									
18	20° 40′	2	8	21° 20′	2	10	22°	2	12	22° 40′	2	14						
20	18° 20′	2	1	19°	2	3	19° 40′	2	5	20° 20′	2	7	21°	2	9			
22	16° 20′	1	22	17°	1	24	17° 40′	1	26	18° 20′	2	1	19°	2	3	20°	2	4

Für 6···16 Zähne: Teilscheibe mit 49 Löchern
  „ 18···22   „   „   27   „
(40 Kurbelumdrehungen = 1 Werkstückumdrehung).

In der Tabelle 3 sind geeignete Teilwinkel w_1, w_2 ... angegeben für eine Ungleichteilung in arithmetischer Reihe (bei der die folgende Teilung immer um dasselbe Stück **größer ist** als die vorhergehende).

E. Anschnitt zum Schleifen der Zähne.

Die Ungleichteilung ist allein nicht ausreichend, um saubere Löcher zu reiben. Ebenso wichtig wie sie ist der Anschnitt. Jede Reibahle schneidet nur mit dem vorderen Kantenteil der Zähne, dem Anschnitt. Der zylindrische Teil dient mehr zur Führung und zur Glättung der Lochwand. Es ist deshalb auf die Herstellung des Anschnittes größte Sorgfalt zu verwenden, denn Reibahlen mit Ungleichteilung und doch falschem Anschnitt reiben die Bohrung ebenfalls unrund und unsauber.

13. Form des Anschnittes. Der vordere Teil der Zähne, der Anschnitt, wird bei Reibahlen für Stahl $15 \cdots 20^0$, bei Gußeisen $4 \cdots 5^0$ kegelig angeschliffen. Vorne sind die Kanten etwas mehr abzuschrägen (Abb. 150). Runder Anschnitt (Abb. 151) sollte grundsätzlich vermieden werden, da er von Hand hergestellt werden muß, was nicht genau möglich ist. Es werden bei rundem Anschnitt niemals alle Zähne im Schnitt stehen. Runden Anschnitt mit einer besonderen Vorrichtung anzuschleifen, empfiehlt sich auch nicht, weil es viel zu umständlich ist. Gerader Anschnitt läßt sich dagegen auf jeder Werkzeugschleifmaschine anschleifen.

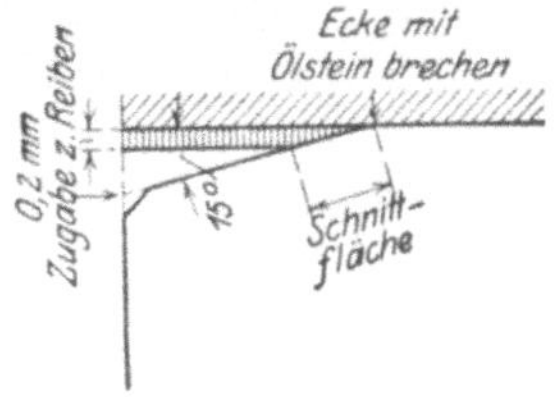

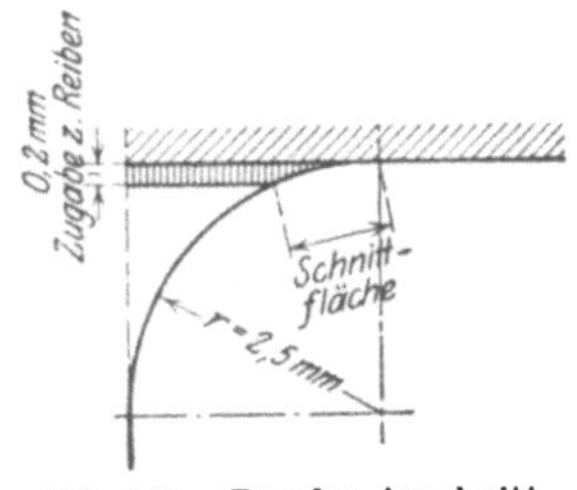

Abb. 150. Kurzer kegeliger Anschnitt.

14. Gleichmäßiger Anschnitt. Große Sorgfalt ist auf gleichmäßigen Anschnitt zu legen, d. h. alle Zähne der Reibahle sollen gleichmäßig schneiden. Dies kann natürlich nur erreicht werden, wenn der Anschnitt auf einer Schleifmaschine geschliffen wird. Einen gleichmäßigen Anschnitt anzuwetzen, ist sehr schwer und kann vom besten Werkzeugmacher nicht richtig ausgeführt werden. Die meisten Brüche der Reibahlen sind auf ungleichmäßigen und zu langen Anschnitt zurückzuführen, da hierbei nur einige Messer im Schnitt stehen und die ganze Arbeit zu leisten haben. Bei Reibahlen mit eingesetzten Messern ist dies besonders gefährlich. Durch ungleichmäßigen Anschnitt wird auch die Bohrung unrund und ratterig.

Abb. 151. Runder Anschnitt.

15. Länge des Anschnittes. Der Anschnitt muß bei Maschinenreibahlen für Stahl kurz sein (Abb. 150), während er für Gußeisen etwas länger sein kann (Abb. 152). Denn Stahl besitzt eine größere Zähigkeit als Gußeisen und gibt deshalb zusammenhängende Späne. Wäre nun der Anschnitt bei Stahl lang, so bekäme man einen sehr breiten Span, durch den die Reibahle stark beansprucht würde, so daß sie leicht brechen könnte. Der Anschnitt darf jedoch auch nicht zu kurz sein, da sonst auch Rattermarken in der Bohrung entstehen.

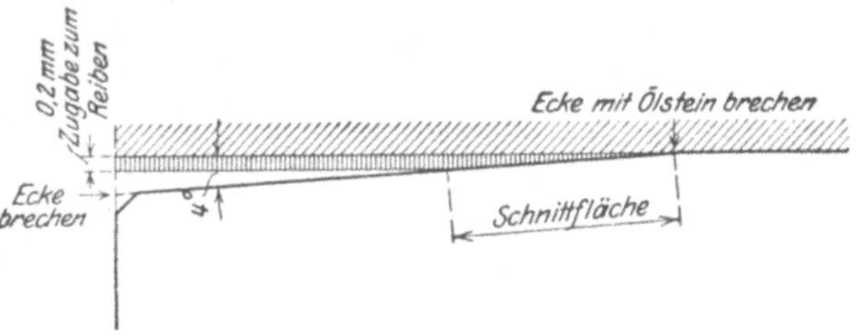

Abb. 152. Langer kegeliger Anschnitt.

Bei Gußeisen ist ein längerer Anschnitt besser, weil die Bohrung sauberer wird; er ist auch nicht so gefährlich wie bei Stahl, weil Gußeisen spröde ist und nur ganz feine Späne gibt. Bei Bohrungen, die bis auf den Grund zylindrisch gerieben werden sollen, muß jedoch der Anschnitt auch bei Gußeisen kurz sein, da sonst der unterste Teil der Bohrung kegelig würde. In solchen Fällen sind die Übergangsstellen des Anschnittes mit einem Ölstein etwas abzurunden, damit die Bohrung sauber wird. In Abb. 153 sind geeignete Anschnittlängen angegeben. Für Handreibahlen ist der Anschnitt l (Abb. 154) bedeutend länger zu halten als für Maschinenreibahlen, um sie leichter in die Bohrung einführen zu können. Er beträgt ungefähr ein Viertel der Gesamtlänge der Zähne.

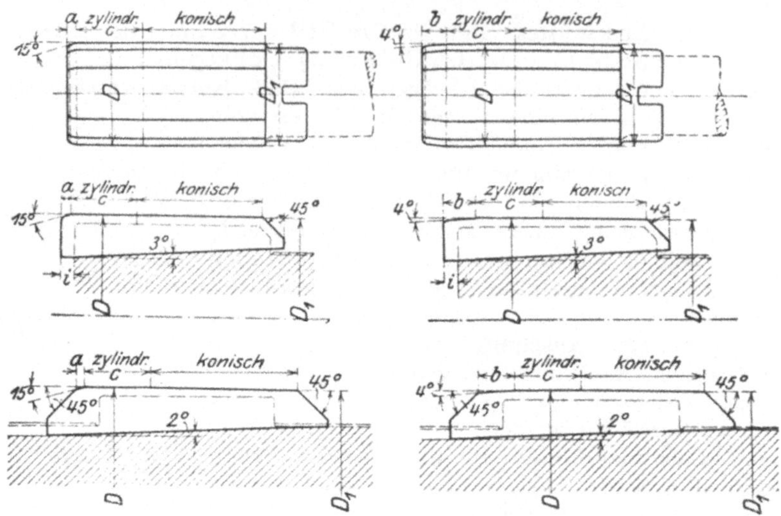

Abb. 153. Verlauf der Schneidkanten.

Tabelle 4. Überstand.

D	ι
16···26	3
27···35	3,5
36···42	4
44···55	4,5
58···68	5
70···80	5,5
82···100	6

Tabelle 5. Längen der Schneidkanten.

D	a	b	c	D_1
3···6	1	5	7	$D - 0,04$
7···11	1,5	6	10	$D - 0,04$
12···19	2	7	13	$D - 0,04$
20···37	2,5	9	18	$D - 0,05$
38···68	3	11	24	$D - 0,06$
70···100	3,5	14	38	$D - 0,06$

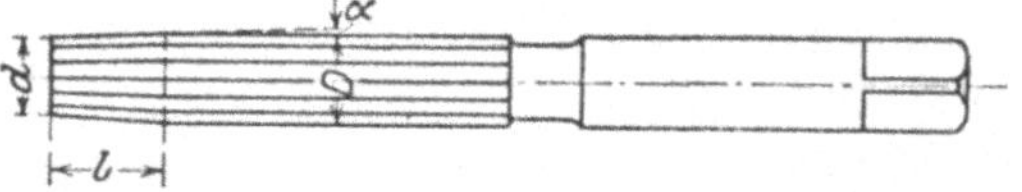

Abb. 154. Handreibahle.

16. Verjüngung des Durchmessers nach hinten. Jede Reibahle wird sich am vorderen zylindrischen Teile des äußeren Durchmessers mehr abnützen als am hinteren, so daß sie nach längerem Gebrauch vorn schwächer wird als hinten (Abb. 155). Dasselbe kann auch durch Verwetzen eintreten. Solche Reibahlen schneiden dann auf der ganzen Länge des Zahnes (ver-

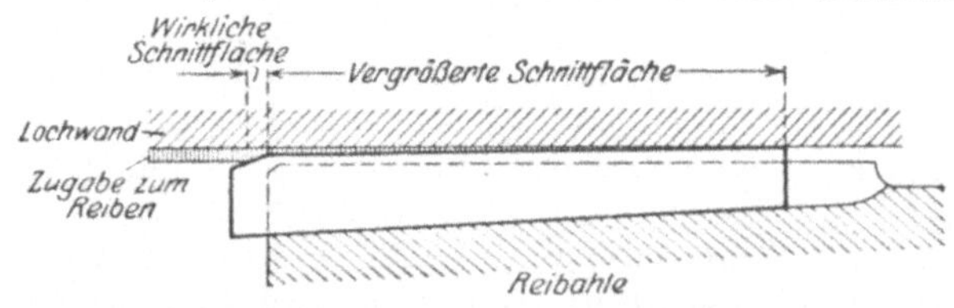

Abb. 155. Einfluß abgenutzter Schneide auf die Spanbildung.

größerte Schnittfläche Abb. 155), arbeiten sehr schwer und brechen leicht.

Da die Hauptarbeit bei Reibahlen vom Anschnitt geleistet wird, kann der zylindrische Teil nach hinten zu etwas schwächer gehalten werden: Abb. 156 zeigt die richtige Form. Die in Abb. 153 nebst Tabelle 4 und 5 angegebenen Werte für Anschnitt und Verjüngung genügen. Diese Verjüngung ist bei Maschinenreibahlen erforderlich; denn sie laufen nie ganz genau in der Bohrspindel. Durch die Verjüngung des zylindrischen Teiles nach hinten wird die Reibahle auch bedeutend leichter arbeiten, die Zähne werden nie auf ihrer ganzen Länge schneiden, wodurch die Reibung vermindert wird. Die Verjüngung ist auch bei Pendelreibahlen erforderlich (s. Abschn. 7 und Abb. 140).

17. Reibahlendurchmesser. Die im Handel erhältlichen Reibahlen sind gewöhnlich etwas dicker als das Mittelmaß der Gut- und Ausschußseite des Grenzlehrdornes.

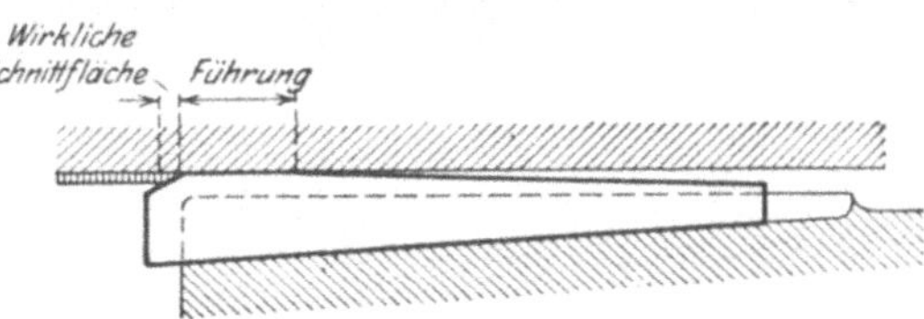

Abb. 156. Span bei richtig ausgebildeter Schneide.

Sie sind deshalb für lehrenhaltige Löcher so nicht verwendbar. Der Durchmesser der Reibahle darf nur ein klein wenig größer sein als die Gutseite des Lehrdornes, was am besten mit besonderen Einstellehrringen geprüft wird. Er kann für die in Tabelle 6 angegebenen Passungen durch Wetzen oder Nachschleifen hergerichtet werden.

Tabelle 6. Maße von Einstellehrringen für Reibahlen.

Passungssysteme		Einheits-bohrung	Einheitswelle						
ISA	6. Qualität	H 6		N 6	M 6	K 6	J 6	H 6—G 6	
	7. Qualität	H 7	S 7—R 7	N 7	M 7	K 7	J 7	H 7	G 7
	8. Qualität	H 8						H 8	
DIN	edel	e B		e F	e T	e H	e S	e G	
	fein	B	P	F	T	H	S	G	E L
	schlicht	s B						s G	

Am Umfang werden die Zähne am zweckmäßigsten auf einer Rundschleifmaschine nachgeschliffen; auf einer Scharfschleifmaschine nur dann, wenn eine Rundschleifmaschine nicht zur Verfügung steht. Das Schwächerwetzen der Zähne mit einem Ölstein ist möglichst zu vermeiden, da hiermit der äußere Durchmesser leicht unrund gewetzt wird. Mit dem Ölstein sollen nur die Übergangsstellen etwas abgerundet und die Schneiden leicht und sauber abgezogen werden.

18. Schleifen der Zähne. Nach dem Härten werden die Reibahlen rund geschliffen, dann die Zähne hinterschliffen. Beim Hinterschleifen bleibt eine schmale zylindrische Fase a (Abb. 157 I) stehen, von etwa 0,1···0,2 mm Breite. Daran schließt sich der Hinterschliff (Freifläche) in einem Winkel (Freiwinkel) von etwa 6°. Manchmal hat der Hinterschliff auf etwa $\frac{1}{2} b$ Länge einen Winkel von 5° und dann von 8°, besonders bei eingesetzten Messern mit ihrer größeren Breite (Abb. 157 II).

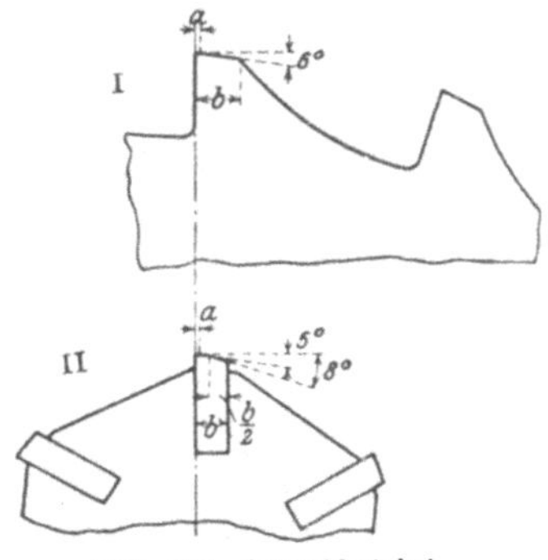

Abb. 157. Schneidwinkel.

Rundgeschliffen wird auf Rundschleifmaschinen, hinterschliffen auf Werkzeugschleifmaschinen. Abb. 158 zeigt das Hinterschleifen der Zähne am Durchmesser, Abb. 159 das des Anschnittes und Abb. 160 das Hinterschleifen der Verjüngung. Außerordentlich wichtig ist der Anschnitt-Freiwinkel von 5°.

Um scharfe, gratfreie Schnittkanten zu erhalten, muß die Schleifscheibe der Schnittkante entgegenlaufen. Es kommt auch vor, daß die Zahnbrust (Spanfläche) geschliffen werden muß. Dies geschieht nach Abb. 161. Die Übergangsstellen des

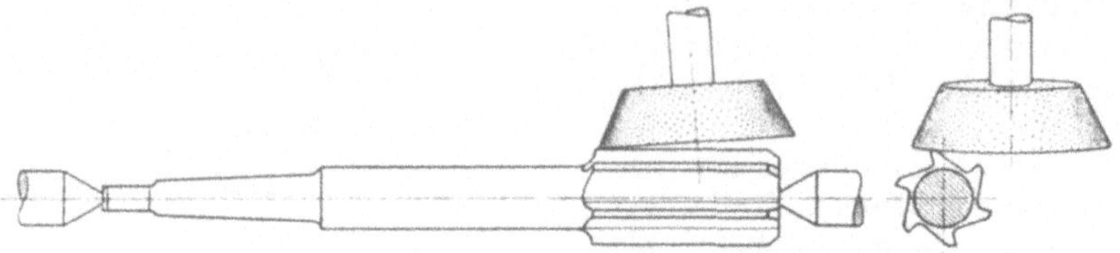

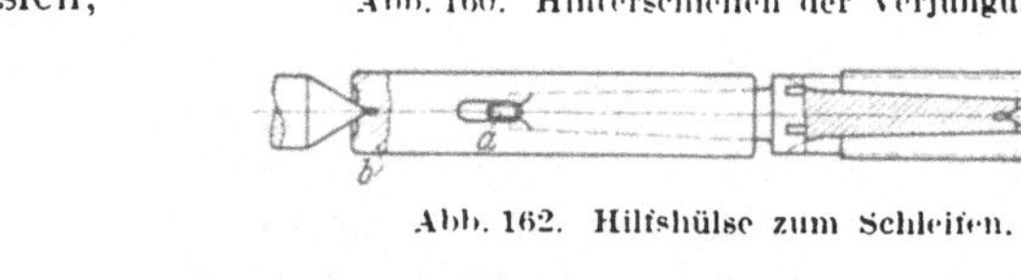

Abb. 158. Hinterschleifen der Zähne am Durchmesser (Freifläche).

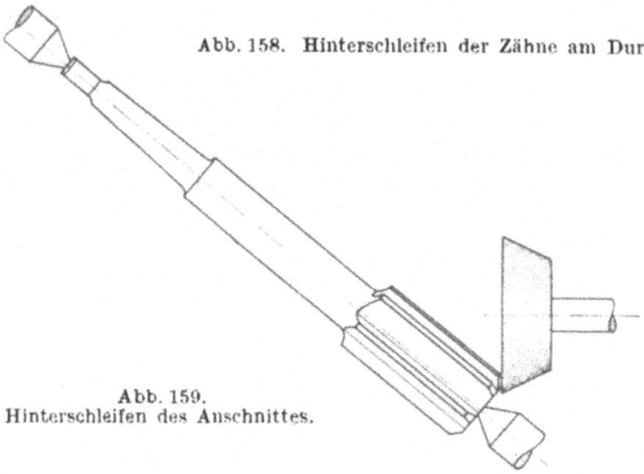

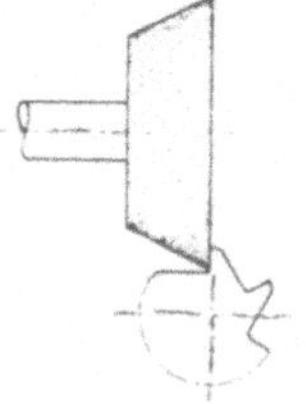

Abb. 159.
Hinterschleifen des Anschnittes.

Anschnittes zum äußeren Durchmesser werden mit einem Ölstein etwas nachgewetzt, ebenso die äußeren Schneidkanten der Zähne.

Bei gebrauchten Maschinenreibahlen mit kegeligem Schaft ist oft der Körner am Mitnehmerlappen a (Abb. 162) durch das Herausschlagen mit

dem Keiltreiber aus der Bohrspindel beschädigt, wodurch die Reibahle in den Spitzen der Schleifmaschine nicht rund läuft. Hier empfiehlt es sich,

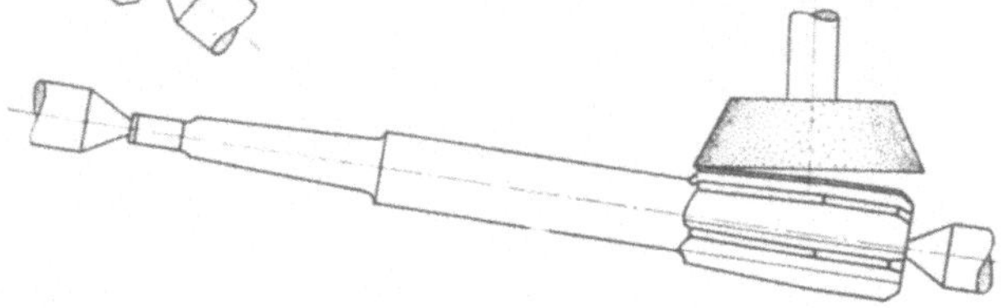

Abb. 160. Hinterschleifen der Verjüngung.

Abb. 162. Hilfshülse zum Schleifen.

Abb. 161. Schleifen der Zahnbrust (Spanfläche).

beim Schleifen eine Kegelhülse b mit einer sauberen Zentrierung aufzusetzen.

Spiralreibahlen werden auf einer besonderen Vorrichtung nach Abb. 163 geschliffen.

Abb. 163. Vorrichtung zum Schleifen von Spiralreibahlen (Rohde & Dörrenberg Düsseldorf-Oberkassel).

Die Vorrichtung ist ausschließlich eingerichtet zum Schleifen von Kegelstift-Schälreibahlen, wie sie zur Herstellung von Löchern für Kegelstifte nach DIN 1 Verwendung finden.

Der Kegel 1 : 50 liegt ein für alle Male fest, so daß also der Apparat gegenüber der Schleifscheibe in diesem Winkel nicht eingestellt zu werden braucht. Auch nach Verschieben des Gegenspitzenböckchens bleibt diese Verjüngung immer einwandfrei bestehen.

Die Vorrichtung wird auf eine gewöhnliche Schleifmaschine aufgebaut; sie ist im oberen Teil gegen den Tisch der Schleifmaschine drehbar. Diese Verstellbarkeit dient jedoch nicht zur Einstellung der Verjüngung 1 : 50, sondern hat lediglich den Zweck, den Hinterschliffwinkel am Zahn selbst zu erzielen.

Durch auswechselbare, zur Vorrichtung gehörige Wechselräder können sämtliche vorkommenden Steigungen, wie sie bei den Reibahlen üblich sind, geschliffen werden, d. h. der obere Teil der Vorrichtung schiebt sich mit gleicher Genauigkeit an der Scheibe vorbei, wie die Steigung an der Reibahle erfordert.

F. Spannwerkzeuge.

Zum Einspannen und Festhalten der Reibahlen werden Kegelhülsen, Halter für Aufsteckreibahlen, Führungshülsen und Pendelhülsen verwendet. Für kleine Reibahlen mit zylindrischem Schaft dienen Spannfutter mit Spannpatrone oder genau laufende Bohrfutter.

19. Kegelhülsen. Für Reibahlen mit kegeligem Schaft werden kurze und lange Kegelhülsen nach Abb. 164 verwendet.

20. Führungshülsen (*a*, Abb. 165) dienen zur genauen Führung der Reibahle (oder auch des Bohrers) beim Bohren und Reiben zweier gegenüberliegender Bohrungen. Die Hülse führt sich in der zuerst fertiggestellten Bohrung, um die gegenüberliegende genau fluchtend zur ersten

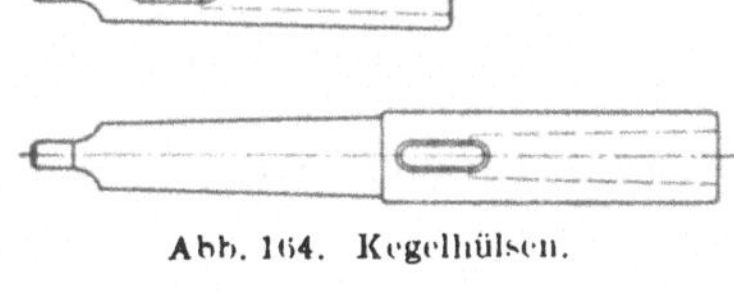

Abb. 164. Kegelhülsen.

herzustellen. Die Abmessungen der Hülsen können dieselben sein wie die der Verlängerungen (s. Werkstattbuch „Bohren", 3. Aufl., S. 61), nur mit dem Unterschied, daß die Führungshülsen maßhaltig im Durchmesser, gehärtet und geschliffen sein müssen, damit sie in der Bohrung gut laufen und nicht fressen. Falls irgend möglich ist es jedoch zu empfehlen, sie noch in Führungsbuchsen (Abb. 166) laufen zu lassen, damit bei einem Festfressen nicht die fertige Bohrung beschädigt wird.

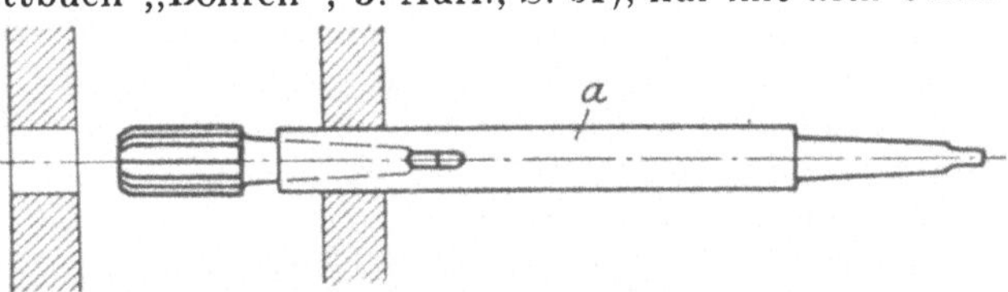

Abb. 165. Reiben mit Führungshülse (*a*).

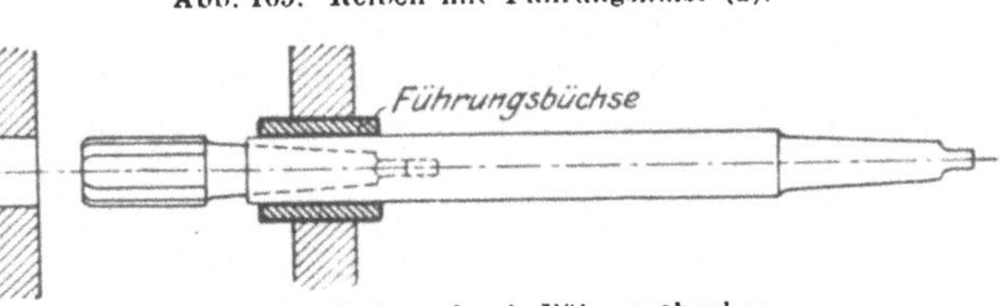

Abb. 166. Reiben durch Führungsbuchse.

21. Kegelhülsen mit Vierkant. Um Reibahlen mit Kegelschaft als Handreibahlen unter Verwendung eines Windeisens benutzen zu können, sind Hülsen mit Außenvierkant

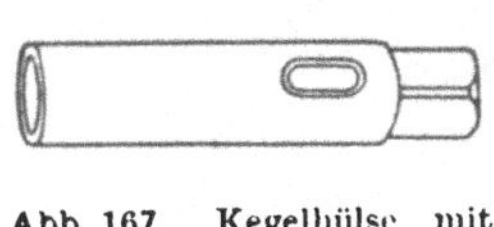

Abb. 167. Kegelhülse mit Vierkant.

recht geeignet (Abb. 167).

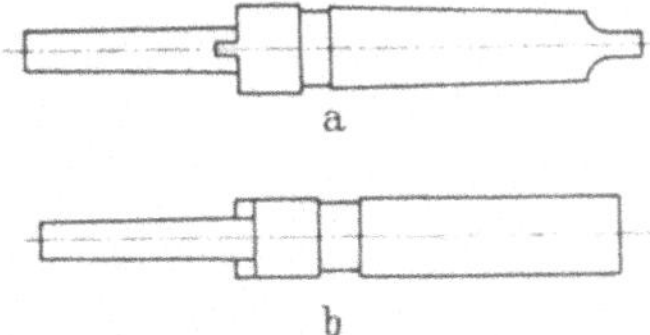

Abb. 168. Kurze Reibahlenhalter.

22. Halter für Aufsteckreibahlen. Zum Festhalten der Aufsteckreibahlen verwendet man Halter nach Abb. 168···171 mit Kegel oder Vierkantschaft. Letztere sind für Handgebrauch bestimmt, können aber auch für Pendelhalter umgearbeitet werden.

Von dem kegeligen Aufnahmezapfen wird die Reibahle durch eine Mutter gelöst, die gegen den Mitnehmerring geschraubt wird. Halter ohne Mutter zum Abdrücken sind nicht praktisch (s. auch Lösen der Aufsteckreibahlen S. 46). Unmittelbar mitgenommen wird die Reibahle durch einen Ring mit Mitnehmernasen (Abb. 169). An dessen Stelle kann behelfsmäßig auch einfach ein durch den Halter gebohrter Stift treten.

Die Halter sind je nach Bedarf kurz oder lang. Abb. 168a u. b zeigt kurze Halter mit kegeligem und zylindrischem Schaft, von denen die mit zylindrischem Schaft nur auf Revolverbänken, die mit kegeligem Schaft überall verwendet werden. Abb. 169 zeigt einen Halter für Reibahlen mit zylindrischer Bohrung.

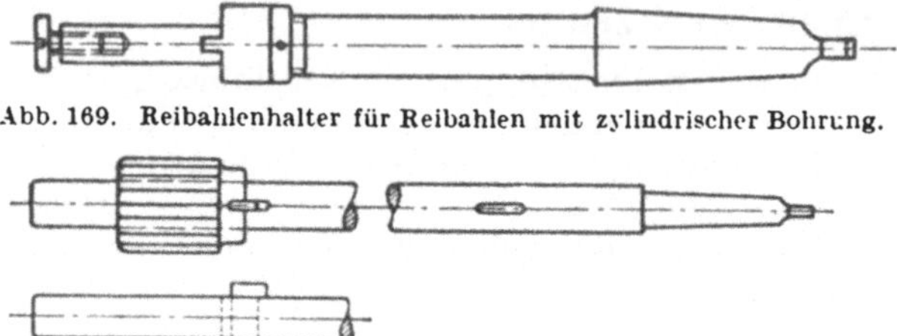

Abb. 169. Reibahlenhalter für Reibahlen mit zylindrischer Bohrung.

Abb. 170. Langer Reibahlenhalter für Waagerechtbohrmaschinen.

Für Waagerechtbohren verwendet man häufig zylindrische Stangen mit mehreren Mitnehmerschlitzen, um die Reibahlen an verschiedenen Stellen verwenden zu können, ohne den Halter zu wechseln (Abb. 170).

Beim Reiben in Vorrichtungen auf Senkrecht-Bohrmaschinen finden auch Halter nach Abb. 171 Verwendung. Diese Halter werden zweimal bei a und b geführt, so daß die Reibahle nicht verlaufen kann. Die Reibahle hat zylindrische Bohrung; sie wird durch den Ring c mitgenommen und durch h am Herunterfallen gehindert. Solche Halter können natürlich auch beim Waagerechtbohren verwendet werden.

23. Pendelhülsen dienen zum Einspannen der Pendelreibahlen und werden auf Revolverdreh- und Revolverbohrbänken benutzt, um die Ungleichheiten zwischen Spindel- und Werkzeugachse infolge Abnutzung der Revolverschlittenführungsbahn auszugleichen (s. Abschn. 7). Pendelhülsen werden jedoch auch beim Senkrecht- und Waagerechtbohren verwendet.

Abb. 171. Reibahlenhalter mit Führungsschaft.

Abb. 172 I u. II zeigen einfache Pendelhülsen, in denen die Reibahle an dem Druckteller a anliegt und durch einen Stift gegen seitliche Verdrehung gehalten

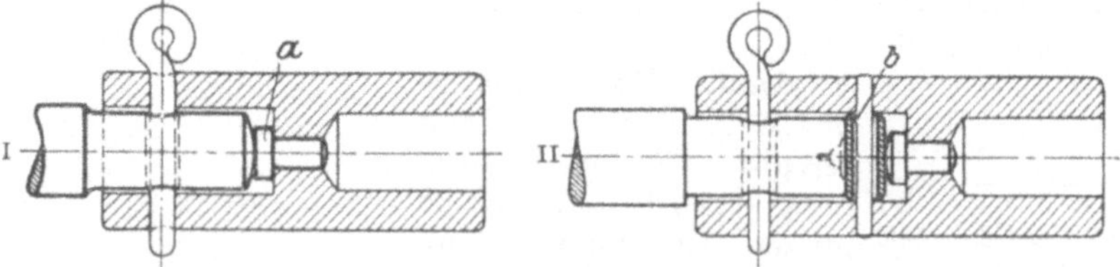

Abb. 172. Einfache Pendelhülsen.

wird. Das Spiel zwischen Reibahlenschaft und Hülse darf nicht zu groß sein, da sich die Reibahle sonst schief einstellt, was besonders bei Reibahlen mit kurzem Anschnitt sehr nachteilig ist, denn sie lassen sich dann nicht in die Bohrung einführen. Bei der Pendelhülse Abb. 172 I darf die Druckstelle des Schaftes keinen

Körner haben, weil die Reibahle um den Druckpunkt pendeln soll. Das ist wegen der Instandhaltung sehr nachteilig, da die Reibahle nicht zwischen Spitzen geschliffen werden kann. Besser, und noch einfacher, ist die Ausführung Abb. 172 II: die Reibahle legt sich gegen das bewegliche Druckstück *b*. Da die Reibahle nun einen Körner haben darf, kann man sie zwischen Spitzen nachschleifen.

Abb. 173 zeigt eine neuere Pendelhülse für Revolverdrehbänke. Diese Hülse läßt sich mit dem Aufnahmefutter Abb. 174 auch auf Drehbänken verwenden. Für die Senkrecht- und Waagerecht-Bohrmaschinen werden Pendelhülsen nach Abb. 175 u. 176 verwendet. In dem Aufnahmefutter Abb. 175 können auch Schnellwechselhülsen für Bohrer verwendet werden. Man verwendet auch Pendelfutter mit

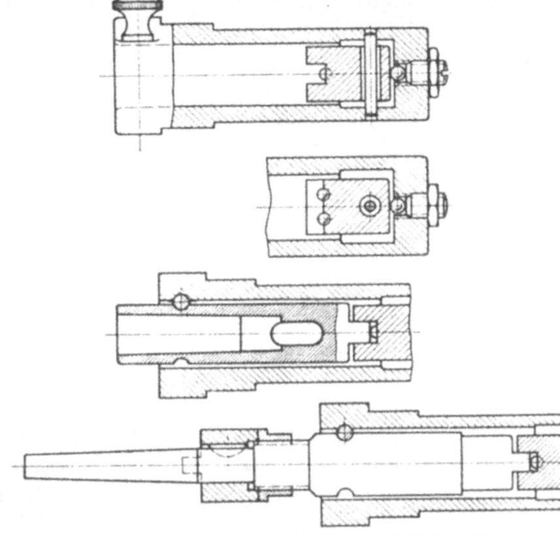

Abb. 173. Neuzeitliche Pendelhülse mit Halter (Löwe).

einem doppelten Kugelgelenk. Sie haben jedoch den Nachteil, daß sie bei Waagerecht-Bohrmaschinen vor dem Einführen in die Bohrung herunterhängen und bei unvorsichtigem Anlaufenlassen der Maschine herumschleudern. Beim Waagerechtbohren sind Pendelhülsen dort am Platze, wo ein Werkstück bereits gebohrt und gerieben ist und durch dieses die Löcher eines zweiten dazu gehörigen Werkstückes gebohrt und gerieben werden sollen (Abb. 177). Die Führungsstange oder der Reibahlenhalter wird in den bereits gebohrten Löchern *a* und *b* geführt, und bei festem Halter müßte nun dessen Achse mit der Maschinenspindelachse

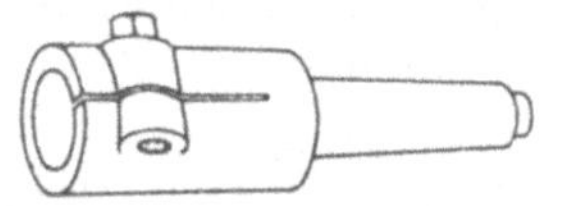

Abb. 174. Aufnahmefutter für Pendelhülsen.

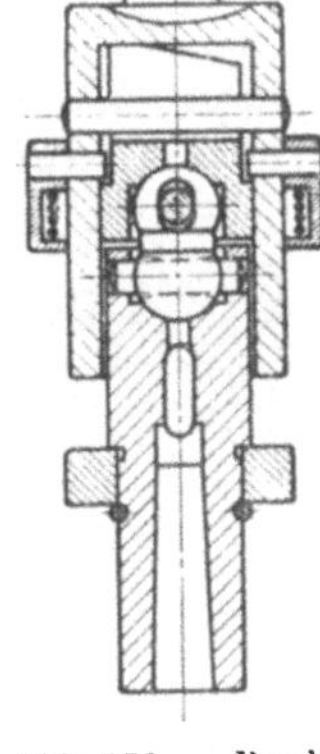

Abb. 175. Pendelhülse für Senkrecht- und Waagerecht-Bohrmaschinen (Löwe).

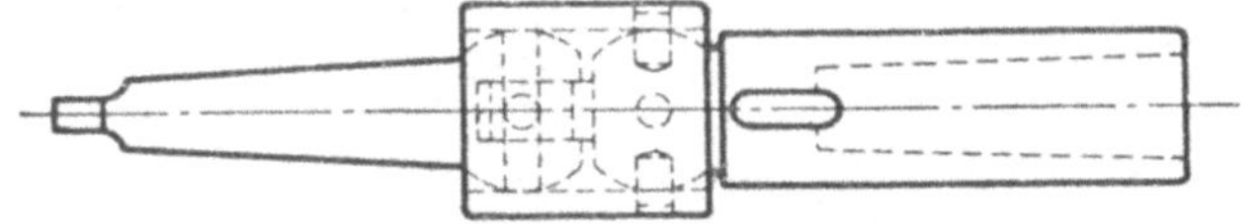

Abb. 176. Pendelfutter für Waagerecht-Bohrmaschinen.

Abb. 177. Reiben mit Pendelhülse auf Waagerecht-Bohrmaschine.

genau zum Fluchten gebracht werden, was bei Waagerechtbohrmaschinen schwierig und zeitraubend ist. Bei Verwendung einer Pendelhülse wird das Einstellen erleichtert, da jetzt die Achsen nicht genau zu fluchten brauchen.

G. Instandhaltung der Reibahlen.

Die Abnützung der Schneidzähne am Außendurchmesser macht sich bei Reibahlen um so mehr bemerkbar, als mit der Reibahle genau lehrenhaltige Löcher
gerieben werden sollen. Das ist mit festen Reibahlen nur kurze Zeit möglich,
da die Zähne nicht nachgestellt werden können, so daß die Reibahlen für genaues
Maß bald unbrauchbar werden.

Bei nachstellbaren Reibahlen dagegen läßt sich der Durchmesser vergrößern
(bzw. verkleinern), weshalb diese Reibahlen eine bedeutend längere Lebensdauer
haben als die festen.

Die Schneidzähne dürfen nie stumpf und rissig sein, sonst reiben sie keine
sauberen Löcher. Daher müssen die Reibahlen nach dem Gebrauch immer nach-
gesehen, wieder geschärft und auf den Durchmesser geprüft werden; dann sind
sie stets verwendungsbereit.

24. Aufarbeiten fester Reibahlen. Die Schneidzähne der festen Reibahlen
werden, wenn sie im Durchmesser nicht mehr genau maßhaltig sind, mit einem
harten Stahl, der an die Schneidkante der Zähne angesetzt wird, etwas aufgezogen

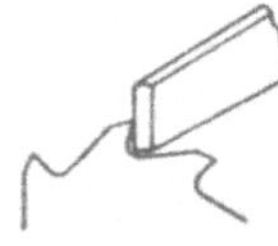

Abb. 178.
Aufziehen der
Schneidzähne mit
einem gehärteten
Stahl oder Hart-
metall.

(Abb. 178). Das nützt jedoch nur, wenn die Abnützung sehr
gering ist, da sich durch das Aufziehen nur ein feiner Grat
bildet. Dieses Vorgehen kann einige Male wiederholt werden.
Ist es im harten Zustand nicht mehr möglich, so kann die Reibahle ausgeglüht und im weichen Zustande aufgezogen werden.
Dann wird sie wieder gehärtet und scharf geschliffen. Ist ein
Aufziehen auch im weichen Zustand nicht mehr möglich, so muß
die Reibahle für den nächstkleineren Durchmesser umgearbeitet
werden.

25. Aufarbeiten nachstellbarer Reibahlen. Bei nachstellbaren Reibahlen ist es
leichter, den Durchmesser zu vergrößern oder zu verkleinern; je nach der Konstruktion braucht man nur den Körper durch eine Schraube oder eine Kugel
zu spreizen oder die eingesetzten
Messer auf ihrer schrägen Unterlage
etwas voranzuschieben. Die Messer
dürfen deshalb nicht allzu stramm eingepaßt werden. Bei der Konstruktion
ohne Mutter werden die Messer mit

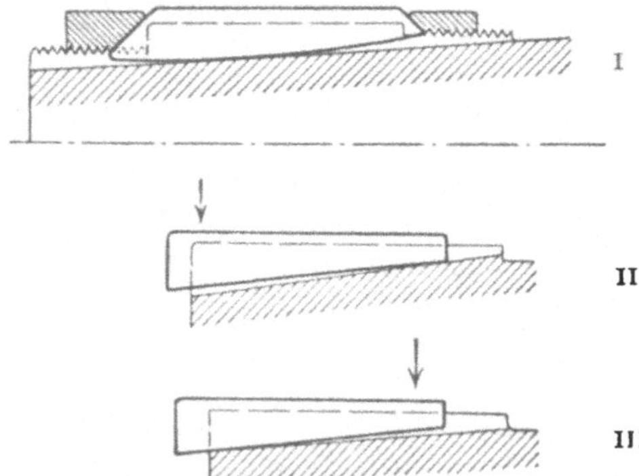

Abb. 179. Schlecht aufliegende Messer.

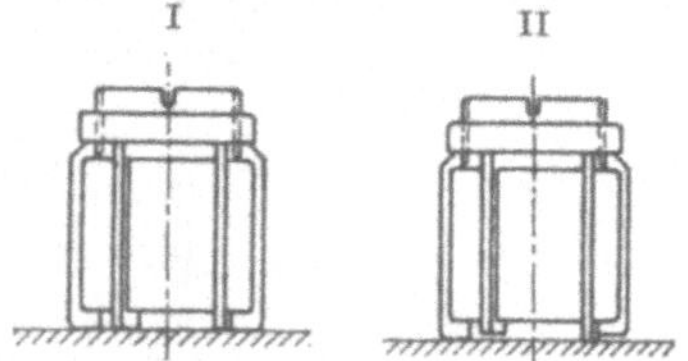

Abb. 180. Ungleichmäßig vorstehende
Messer.

einem Kupferdorn vorgetrieben. Die Messer sollen auf dem Grund des Schlitzes
aufliegen und nicht schaukeln (Abb. 179 I···III). Nach dem Verstellen werden
die Messer mit einem Holz- oder Kupferhammer durch leichte Schläge zur Auflage gebracht. Ist ein Nachstellen nicht mehr möglich, so können dünne Blechstreifen unter die Messer gelegt werden, um sie voll auszunützen. Ist auch dies
nicht mehr möglich, dann müssen neue Messer eingesetzt werden.

Die Messer müssen an der Stirnseite der Reibahlen gleichmäßig vorstehen
(Abb. 180 I). Durch ungleichmäßiges Vorstehen (Abb. 180 II) kommen nur

einige Messer zum Anschnitt, haken leicht ein und brechen ab. Nach dem Nachstellen sind die Messer, wenn möglich, rund und scharf zu schleifen und mit einem Ölstein sauber abzuziehen. Der Ölstein erhält zweckmäßig eine Holzfassung (Abb. 181), damit man ihn besser halten kann.

Genau gewetzt werden kann nur auf einem Gerät nach Abb. 182. Es ist zweckmäßig, die nachzuwetzende Reibahle erst rund und scharf zu schleifen und dann die kleine an der Schneid-

Abb. 181. Ölstein mit Holzfassung.

kante stehengebliebene Fase a (Abb. 157) auf dem Gerät nachzuwetzen. Dabei werden die Schneidkanten an einer sich drehenden feinkörnigen Schleifscheibe zwangsläufig vorbeigeführt, so daß sie gleichmäßig im Durchmesser abgezogen werden (Abb. 183). Die Schleifscheibe wird dabei um den Winkel α schräg gestellt (Abb. 184). Abb. 185 zeigt links eine ungewetzte Zahnschneide, rechts eine mit obigem Gerät gewetzte; beide in gleicher Vergrößerung.

Zum genauen Einstellen des Durchmessers der Reibahle dient der Einstellehrring (Abb. 186). Alle Zähne sollen an der Innenwand anliegen (Abb. 186b). Das ist natürlich nur möglich, wenn der Durchmesser auf der Maschine geschliffen wird. Liegen die Messer wie in Abb. 186a nicht alle an, so wird die Reibahle schlecht arbeiten. Bei Reibahlen mit Führungsschaft ist besonders darauf zu achten, daß die Mantelzähne mittig

Abb. 182. Reibahlenwetzgerät (Löwe).

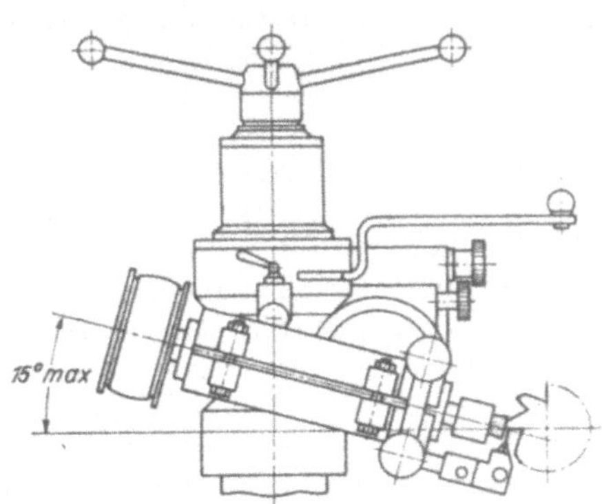

Abb. 183. Wetzen mit Gerät Abb. 182.

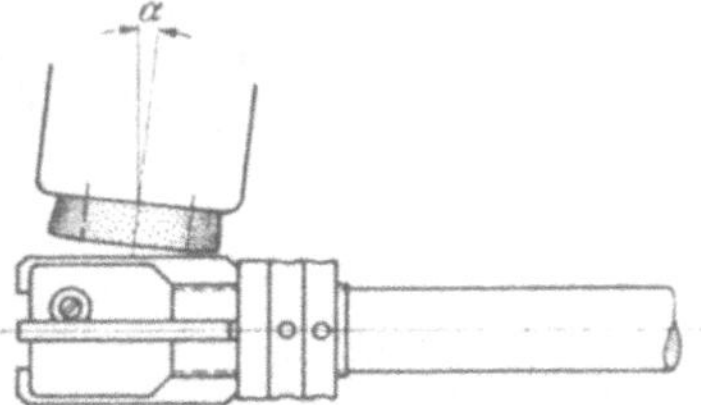

Abb. 184. Stellung der Scheibe beim Wetzen nach Abb. 182.

zum Führungsschaft laufen. Es ist wichtig, sie nach dem Größerstellen rund zu schleifen und beim Nachwetzen einen Einstellehrring mit Führungsbüchse nach Abb. 187 zu verwenden. Nur so ist es möglich, den Durchmesser der Schneidezähne zum Führungsschaft zu prüfen. Die Messer sind ebenfalls nach hinten zu verjüngen.

26. Prüfen auf Rundlaufen. Es ist auch nötig, von Zeit zu Zeit nachzusehen, ob die Reibahlen noch rund laufen. Reibahlen, die nicht laufen, reiben die Löcher

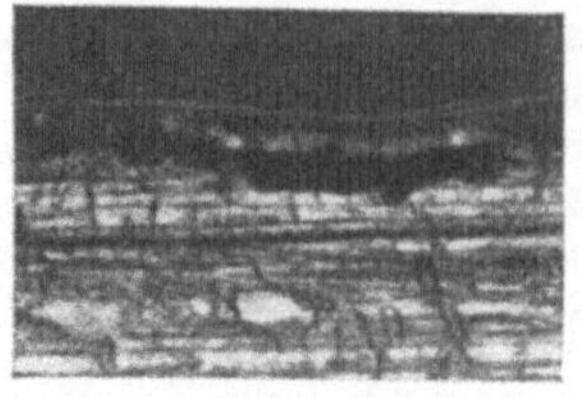
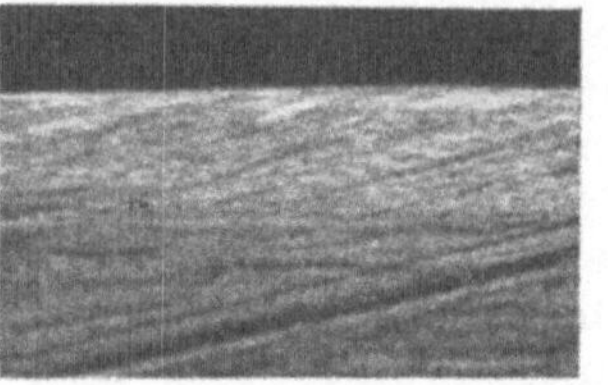

Abb. 185. Ungewetzte (links) und gewetzte (rechts) Zahnschneide (stark vergrößert).

zu groß. Zum Prüfen dient ein Spitzenapparat (Abb. 188). Mit einem Fühlhebel kann der Schlag genau gemessen werden. Reibahlen, die nicht laufen, müssen gerichtet werden.

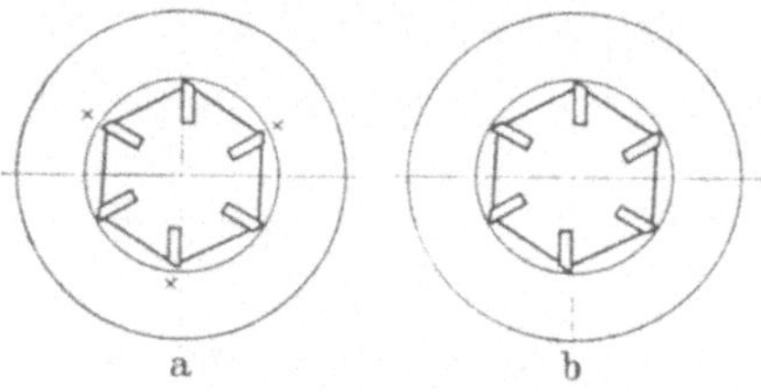

a   b

Abb. 186. Einstellehrring.

27. Lösen der Aufsteckreibahlen. Aufsteckreibahlen mit kegeliger Bohrung haben den Nachteil, daß sie sich beim Arbeiten durch die Wärme ausdehnen und dann weiter auf den Halter aufschieben. Beim Erkalten saugen sie sich auf dem kegeligen Zapfen fest und sind bei Haltern ohne Abdrückmutter sehr schwer zu entfernen. Es wird dann gewöhnlich ein Flachmeißel oder sonst ein Stück Eisen verwendet, um die Reibahle vom Halter herunterzubekommen (Abb. 189 u. 190). Dadurch werden natürlich Reibahle und Halter beschädigt.

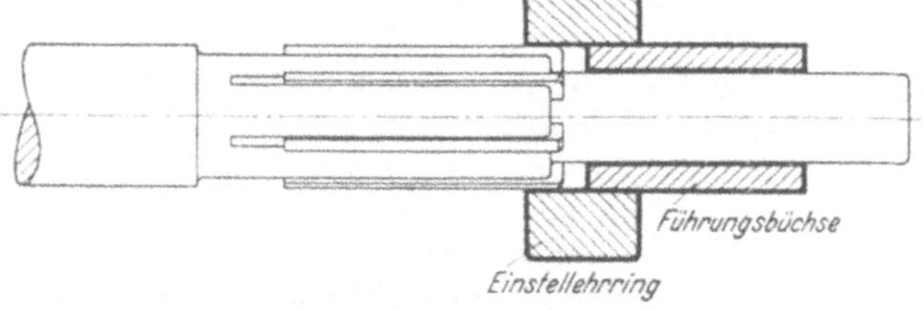

Abb. 187. Prüfung der Lage der Zähne zum Führungsschaft.

Ein zur Not brauchbares einfaches Hilfsmittel sind zwei Keile (Abb. 191a). Sie werden zwischen Reibahle und Mitnehmerring (Abb. 191b) geschoben und durch einen Hammerschlag zusammengetrieben. Dabei löst sich die Reibahle sehr leicht.

Viel richtiger aber ist es, einen Reibahlenhalter mit Abdrückmutter (Abb. 192) zu verwenden. Der Mitnehmerring ist verschiebbar und wird nach dem Aufstecken der Reibahle an diese herangeschoben: dann wird die Mutter gegengeschraubt. Die Reibahle kann sich jetzt nicht weiter

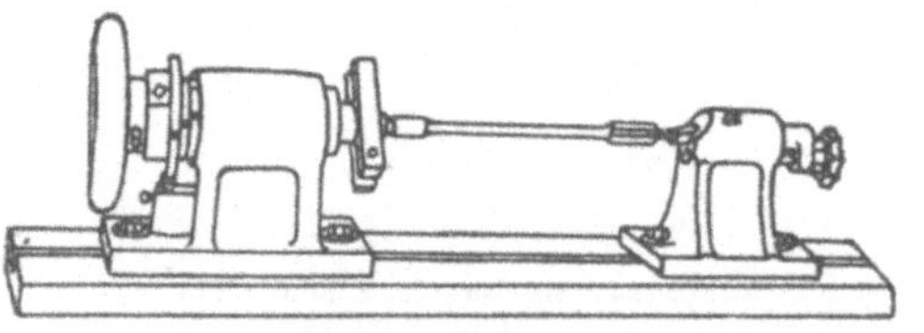

Abb. 188. Spitzengerät zum Prüfen der Reibahlen auf Rundlaufen.

auf den kegligen Aufnahmezapfen aufschieben und dadurch auch nicht festsaugen. Durch Anziehen der Mutter löst sich die Reibahle sehr leicht, ohne daß sie oder der Halter beschädigt werden. Diese Halter dürften in keinem Betriebe fehlen.

28. Schutz und Aufbewahrung. Um die Schneidzähne der Reibahlen vor Beschädigung zu schützen, ist es zweckmäßig, Hülsen aus Pappe überzuziehen.

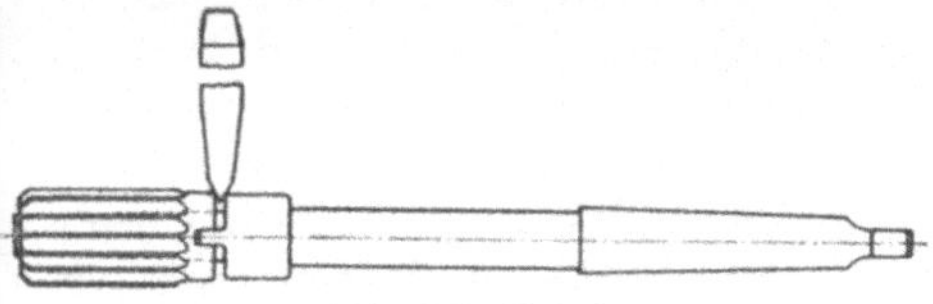

Abb. 189. Falsch.

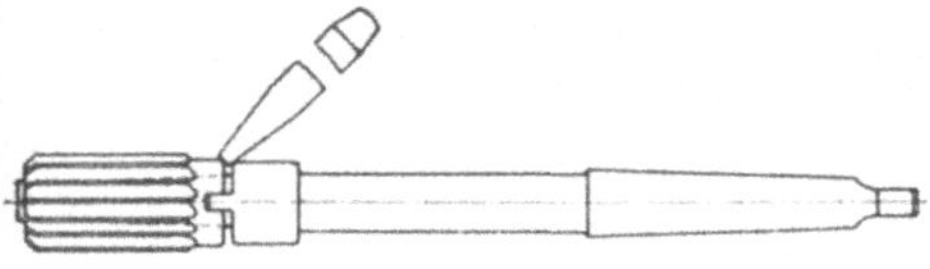

Abb. 190. Falsch.

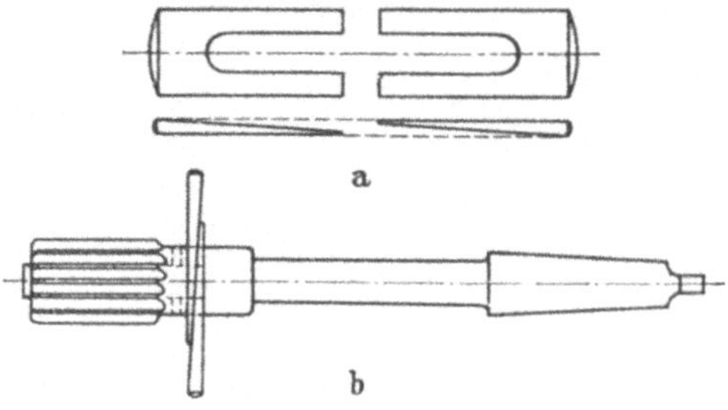

Abb. 191. Richtig.

Abb. 189···191. Lösen der Aufsteckreibahlen vom Halter.

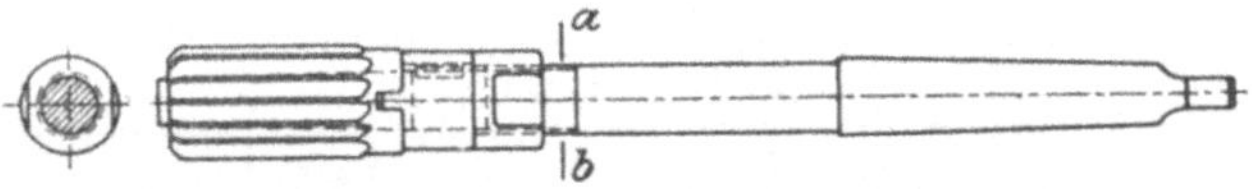

Abb. 192. Neuzeitlicher Reibahlenhalter mit Abdrückmutter (Löwe).

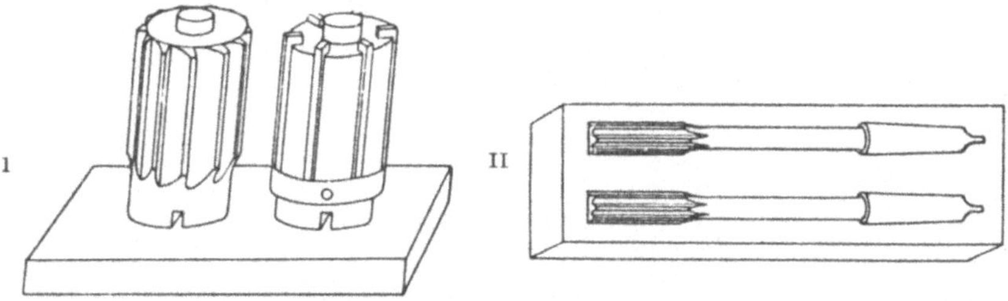

Abb. 193. Auflagebretter für Reibahlen.

Aufsteckreibahlen können auch auf Bretter gestellt werden, und zwar Vor- und Nachreibahle zusammen (Abb. 193 I). Entsprechend können Reibahlen mit Schaft aufbewahrt werden (Abb. 193 II). Um die Ausgabe aus dem Werkzeuglager noch mehr zu erleichtern, werden auch ganze Bohrsätze auf Bretter gelegt (Abb. 194). Der Satz enthält: Bohrer, Bohrstangen zum Vor- und Nachbohren, Vor- und Nachreibahle, eine Lehre zum Vorbohren für das Reibeloch und einige Ersatzbohrstähle.

H. Verschiedenes.

29. Nachreiben auf der Maschine geriebener Bohrungen. Durch längeren Gebrauch, z. B. schon durch Aufreiben von 20···30 Büchsen, nützen sich die Zähne der Fertigreibahle am

Abb. 194. Bohrsatz auf Brett.

äußeren Durchmesser ein wenig ab, so daß es vorkommt, daß die Gutseite des Grenzlehrdornes in die Bohrung der zuletzt geriebenen Büchsen etwas schwerer hineingeht. Eine Nachstellung der Fertigreibahle würde sich manchmal nicht lohnen. In diesen Fällen werden die zu engen Bohrungen mit einer verstellbaren Reibahle, die in einem Halter am Werkzeugtisch des Arbeiters eingespannt ist, nachgerieben oder ausgeglichen (Abb. 195).

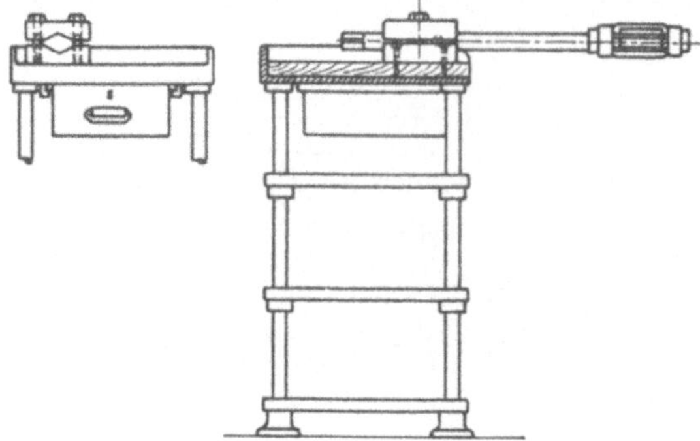

Abb. 195. Werkzeugtisch mit Reibahlenhalter.

Abb. 196 zeigt einen Ständer mit Vierbackenfutter, in dem die Reibahle im Vierkant senkrecht eingespannt ist. Es ist dies vorteilhafter beim Ausgleichen der Bohrungen größerer Räder, Riemenscheiben, Stufenscheiben u. dgl. Sehr vorteilhaft sind für diese Zwecke die Einzahnreibahlen (s. Abb. 97).

Abb. 197 zeigt eine Kluppe zum Einspannen der nachzuarbeitenden Werkstücke.

30. Untermaße für Reibelöcher.

Es ist wichtig für das Reiben, daß das zu reibende Loch gut vorgebohrt ist, so daß die Reibahle wenig zu schneiden hat. Mit Spiralbohrern wird man nur bis zu einer gewissen Größe (etwa bis 20 mm) zum Reiben vorbohren. Bei größeren Bohrun-

Abb. 196. Ständer mit Vierbackenfutter

Tabelle 7. Untermaße für Reibelöcher in Millimetern.

Werkzeug		Spiralbohrer	Dreischneider	Bohrstange oder Vierschneider	Bohrstange
Es wird gerieben mit		Vor- und Nachreibahle			Nachreibahle
Loch-⊙ in mm	0,8···1,2	0,05			
	über 1,2···1,6	0,1			
	,, 1,6···3	0,15			
	,, 3···6	0,2			
	,, 6···10	0,3			
	,, 10···18	0,3	0,2		0,2
	,, 18···30	0,4	0,3	0,3	0,2
	,, 30···50	0,5	0,4	0,4	0,2
	,, 50···80	0,5		0,4	0,2
	,, 80···100	0,5		0,4	0,2

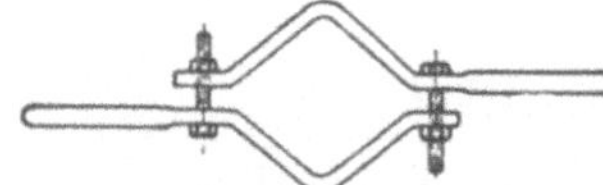

Abb. 197. Spannkluppe.

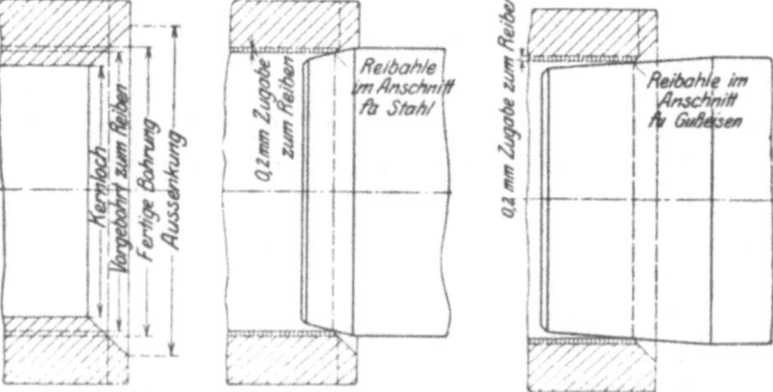

Abb. 198. Anschnittfläche für die Reibahle.

gen wird das letzte Nachbohren zum Reiben mit einem Drei- oder Vierschneider oder mit einer Bohrstange ausgeführt, da der Spiralbohrer kein sauberes Loch liefert und besonders bei zähem oder filzigem Werkstoff tiefe Risse in der Bohrung hinterläßt, die beim Reiben nicht herauskommen. Ist außerdem der Bohrer nicht haargenau auf Mitte geschliffen, so bohrt er zu groß, so daß das Loch beim Reiben nicht sauber wird.

In Tabelle 7 sind Untermaße für das Reiben angegeben, die sich in der Praxis bewährt haben. Sie stimmen mit Angaben des DNA überein, soweit diese vorliegen.

31. Die Anschnittfläche des Arbeitsstückes ist womöglich gerade zu drehen oder auszusenken (Abb. 198), damit die Reibahle beim Anschneiden reinen Werkstoff bekommt.

Ist dies nicht der Fall, was häufig bei Gußeisen vorkommt, ist also die vordere Fläche des Arbeitsstückes uneben und roh oder hart, so wird die Reibahle ungleichmäßig anschneiden und wird abgedrückt: die Zähne haken leicht ein und brechen aus, auch wird die Bohrung unsauber.

32. Schmierung. Die Schmiermittel sind für Reibahlen dieselben wie für Bohrer. Beim Reiben von Stahl und Temperguß ist reichlich zu schmieren, entweder mit Bohröl oder dünnflüssigem Mineralöl. Gußeisen, Bronze und Messing können trocken gerieben werden; ein wenig Schmierung schadet jedoch nicht, da dadurch die Bohrung sauberer und glatter wird.

J. Schnittgeschwindigkeit und Vorschub.

33. Die Schnittgeschwindigkeit ist beim Reiben bedeutend geringer als beim Bohren. Die Ausführung der Reibahle gestattet keine so hohe Schnittgeschwindigkeit, auch würden sich die feinen Schneiden der Zähne am Durchmesser sehr bald abnützen und so die Lebensdauer der Reibahle verkürzen. Reibahlen aus Schnellstahl können deshalb auch nicht viel rascher schneiden als Reibahlen aus Kohlenstoffstahl, haben allerdings eine längere Lebensdauer als diese. Sie eignen sich besonders für Gußeisen oder sonst harten Werkstoff, reiben allerdings keine so saubere Bohrung wie Reibahlen aus Kohlenstoffstahl, weil Schnellstahl die Eigenschaft hat, an der Schneide, besonders bei Stahl, „anzusetzen". In Tabelle 8 sind bewährte Werte für das Reiben angegeben.

Tabelle 8. Schnittgeschwindigkeiten für Reiben in Metern für 1 Minute.

Zu bearbeitender Werkstoff		Reibahle aus	
		Werkzeugstahl	Schnellstahl
Gußeisen	weich	4···5	5···6
	mittel	3···4	4···5
	hart	2···3	3···4
Maschinenstahl, Werkzeugstahl, Stahlguß, Temperguß, Hartbronze	weich	4···5	5···6
	mittel	3···4	4···5
	hart	2···3	3···4
Rotguß, Messing, Aluminium	weich	10···12	12···15
	mittel	8···10	10···12
	hart	6···8	8···10

34. Der Vorschub ist wegen der geringen Spanabnahme und der großen Zähnezahl größer als beim Bohren. Er soll bei Maschinenreibahlen stets zwangläufig und gleichmäßig sein, damit man saubere Löcher erhält und die Reibahle vor Bruch bewahrt wird; denn beim Reiben arbeiten stets mehrere Schneidzähne zugleich und bei ungleichmäßigem und zu großem Vorschub haken die Zähne ein und brechen.

Wo es nicht möglich ist, die Reibahle zwangläufig vorzuschieben, der Vorschub also von Hand erfolgen muß, hat dies sehr vorsichtig zu geschehen. Der Vorschub beträgt 0,5···4 mm. In der Tabelle 9 sind angemessene Werte angegeben.

Tabelle 9. Vorschübe für Reiben in Millimetern für 1 Umdrehung.

Zu bearbeitender Werkstoff	Reibahle aus	Bohrungen in mm							
		1···5	6···10	11···15	16···25	26···40	42···60	62···100	102···200
Stahl Stahlguß Temperguß Hartbronze	Werkzeugstahl und Schnellstahl	0,3	0,3···0,4	0,3···0,4	0,4···0,5	0,5···0,6	0,5···0,6	0,6···0,75	0,75···1
Gußeisen Rotguß Messing Aluminium	Werkzeugstahl und Schnellstahl	0,5	0,5···1	1···1,5	1···1,5	1,5···2	1,5···2	2···3	3···4

K. Einige Arbeitsbeispiele.

35. Herstellung einer Bohrung aus vollem Werkstoff auf der Senkrechtbohrmaschine. a) Bohrungen bis 20 mm Durchmesser (Abb. 199)

1. Arbeitsgang: Mit Untermaßbohrer vorbohren zum Reiben.
2. „ Vorreiben.
3. „ Nachreiben.

Bei Bohrungen bis 20 mm kann gleich mit dem Untermaßbohrer gebohrt werden, vorausgesetzt, daß die Spitze des Bohrers genau auf Mitte geschliffen ist, so daß der Bohrer nicht zu groß bohrt. Löcher bis zu 20 mm können auch gleich mit der Nachreibahle fertiggerieben werden.

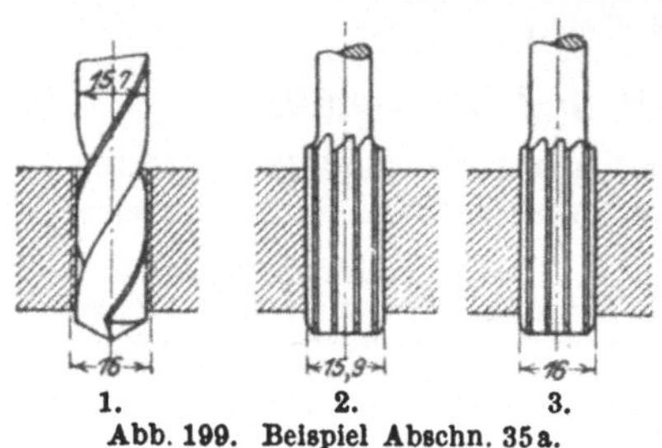
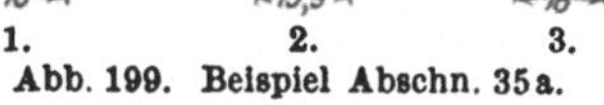

1. 2. 3.
Abb. 199. Beispiel Abschn. 35a.

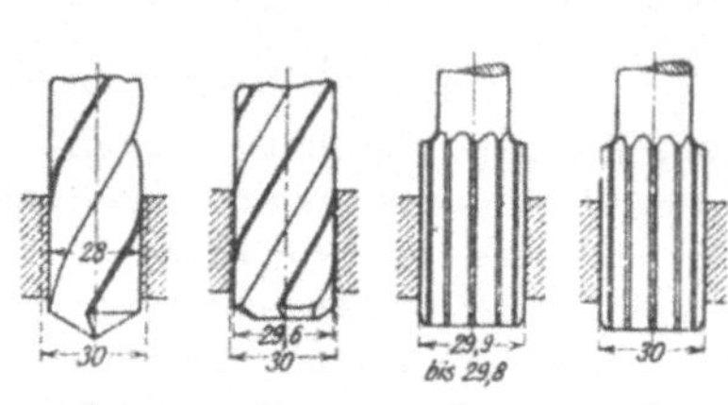

1. 2. 3. 4.
Abb. 200. Beispiel Abschn. 35b.

b) Bohrungen über 20 bis 40 mm Durchmesser (Abb. 200).

1. Arbeitsgang: Mit einem 2 mm kleineren Bohrer als die Fertigbohrung vorbohren.
2. Arbeitsgang: Mit einem Drei- oder Vierschneider nachbohren.
3. „ Vorreiben.
4. „ Nachreiben.

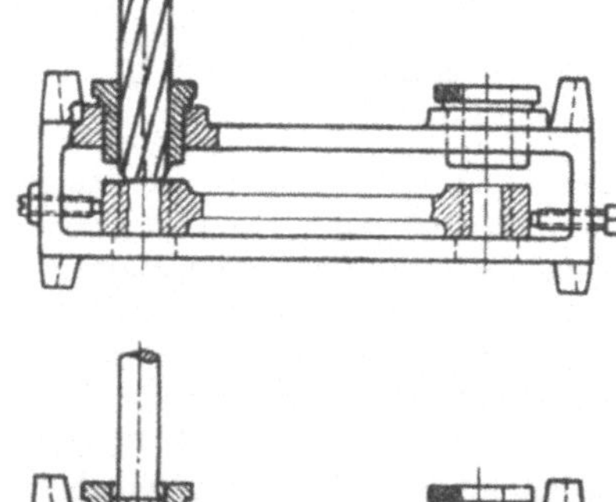

Abb. 201. Beispiel Abschn. 36.

Bei Bohrungen über 20 bis 40 mm Durchmesser empfiehlt es sich, mit einem 2 mm im Durchmesser kleineren Bohrer vorzubohren und den letzten Span mit einem Senker (Drei- oder Vierschneider) nachzubohren, da bei größeren Bohrungen der Spiralbohrer infolge des großen Widerstandes etwas auffedert dadurch unsauber und zu groß bohrt, ferner bei zähem und filzigem Werkstoff reißt und tiefe Risse in der Bohrung hinterläßt, die beim Reiben nicht herauskommen.

c) Bohrungen über 40 bis 100 mm Durchmesser.

1. Arbeitsgang: Mit einem oder mehreren Spiralbohrern oder Senkern vorbohren auf 2 mm Untermaß.
2. Arbeitsgang: Mit einem Drei- oder Vierschneider nachbohren.
3. Arbeitsgang: Vorreiben.

4. Arbeitsgang: Nachreiben.

Bohrungen über 40 mm Durchmesser können oft nicht mit einem Bohrer vorgebohrt werden; es wird dann unterteilt wie oben angegeben.

36. Bohren und Reiben einer Verbindungsstange mit vorgegossenen Löchern (Abb. 201).

1. Arbeitsgang: Mit Dreischneider (Senker) durch die Bohrbüchse auf 2 mm Untermaß vorbohren.

2. Arbeitsgang: Mit Dreischneider (Senker) zum Reiben durch die Bohrbüchse nachbohren.

3. Arbeitsgang: Vorreiben durch die Reibebüchse.

4. Arbeitsgang: Nachreiben durch die Reibebüchse.

Bei Bohrvorrichtungen wird durch die Reibebüchse gerieben, um genau parallele Löcher in genauer Entfernung zu erhalten.

37. Herstellung einer Bohrung aus vollem Werkstoff auf Revolverbohr- und -drehbänken (Abb. 202).

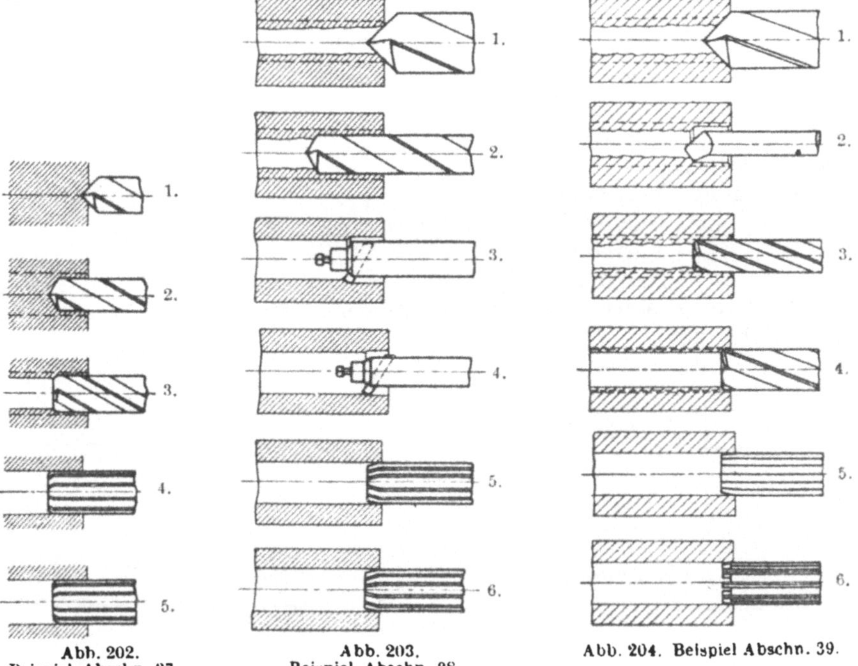

Abb. 202.
Beispiel Abschn. 37.

Abb. 203.
Beispiel Abschn. 38.

Abb. 204. Beispiel Abschn. 39.

1. Arbeitsgang: Zentrieren.
2.   ,,   Mit Spiralbohrer 2 mm kleiner bohren als die Fertigbohrung.
3.   ,,   Mit Spiralsenker nachbohren zum Reiben.
4.   ,,   Vorreiben (mit Pendelreibahle).
5.   ,,   Nachreiben (mit Pendelreibahle).

Bohrungen, die zum Außendurchmesser genau laufen sollen, sind zum Reiben mit der Bohrstange nachzubohren, da diese sich nicht verläuft.

38. Herstellung einer Bohrung mit vorgegossenem Kernloch auf Revolverbohr- und -drehbänken (Abb. 203).

1. Arbeitsgang: Zentrieren.
2.   ,,   Bei kleineren Bohrungen mit Spiralbohrer 2 mm kleiner vorbohren als die Fertigbohrung.
3. Arbeitsgang: Mit Bohrstange nachbohren.
4.   ,,   Mit Bohrstange zum Reiben nachbohren
5.   ,,   Vorreiben (mit Pendelreibahle).
6.   ,,   Nachreiben (mit Pendelreibahle).

Es ist so tief zu mitten (zentrieren), daß der Spiralbohrer reinen Werkstoff bekommt. Vorgegossene Löcher mit Spiralbohrer vorbohren hat den Nachteil, daß sich der Bohrer leicht nach dem vorgegossenen Kernloch verläuft; es ist möglichst zu vermeiden. Bohrungen mit größerem Kernloch werden mit der Bohrstange aufgebohrt; es fallen bei ihnen also nur die Arbeitsgänge 1 und 2 weg.

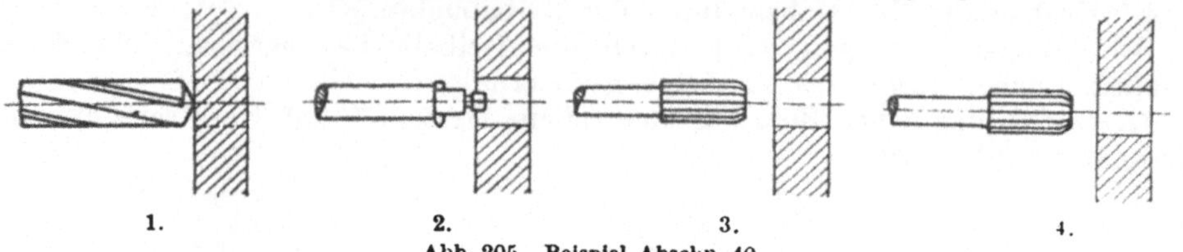

Abb. 205. Beispiel Abschn. 40.

39. Herstellung derselben Bohrung auf andere Weise (Abb. 204).

1. Arbeitsgang: Mitten.

2.   „   Mit Bohrstange ein Stück für den Senker (Drei- oder Vierschneider) vorbohren.

3. Arbeitsgang: Vorsenken.

4.   „   Nachsenken zum Reiben.

5.   „   Vorreiben.

6.   „   Nachreiben.

40. Herstellung einer Bohrung aus vollem Werkstoff auf Waagerechtbohrmaschine (Abb. 205).

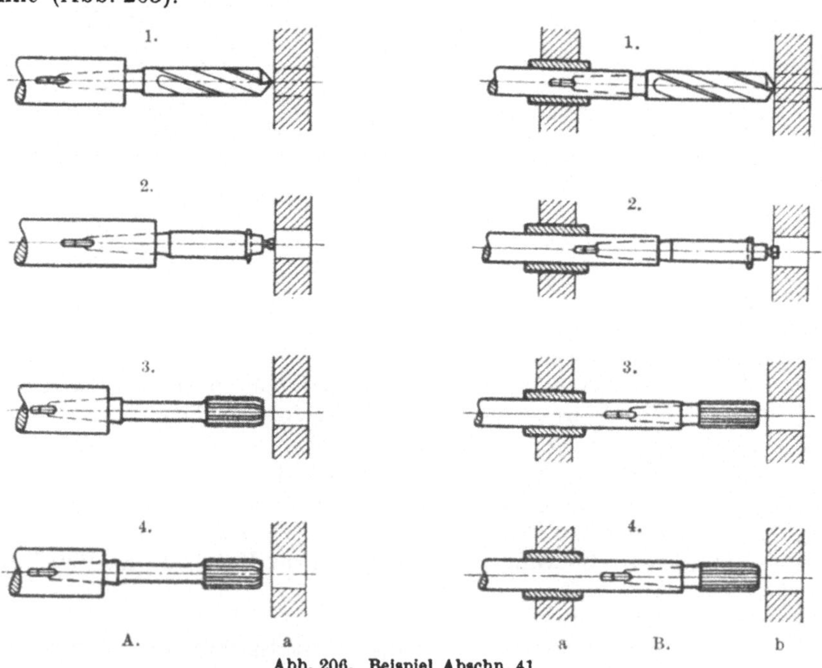

Abb. 206. Beispiel Abschn. 41.

1. Arbeitsgang: Mit Spiralbohrer 2 mm kleiner vorbohren als die Fertigbohrung.

2.   „   Mit Bohrstange nachbohren.

3.   „   Vorreiben.

4.   „   Nachreiben.

Bei Bohrungen, die parallel zu einer bereits bearbeiteten Fläche, Nut oder Bohrung des Werkstückes liegen sollen, wird zum Reiben mit einer Bohrstange nachgebohrt, da die Bohrstange sich nicht verläuft wie der Senker oder Spiralbohrer und dadurch der Reibahle eine gerade Führung gibt.

41. Herstellung zweier gegenüberliegenden Bohrungen auf Waagerechtbohrmaschine (Abb. 206).

A. Bohren der ersten Lochwand *a*.

1. Arbeitsgang: Mit Spiralbohrer 2 mm kleiner vorbohren als Fertigbohrung.
2.   ,,   Mit Bohrstange nachbohren zum Reiben.
3.   ,,   Vorreiben.
4.   ,,   Nachreiben.

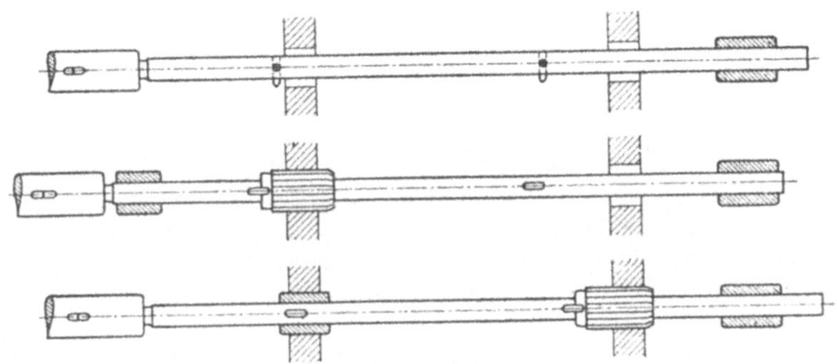

Abb. 207. Beispiel Abschn. 42.

B. Bohren des gegenüberliegenden Loches in der Lochwand *b*.

1. Arbeitsgang: Mit Spiralbohrer 2 mm kleiner vorbohren als die Fertigbohrung.
2.   ,,   Mit Bohrstange nachbohren.
3.   ,,   Vorreiben.
4.   ,,   Nachreiben.

Bei *a* wird ohne Führungshülsen gebohrt und gerieben, bei *b* müssen die Werkzeuge in Führungshülsen geführt werden, damit beide Bohrungen genau fluchten.

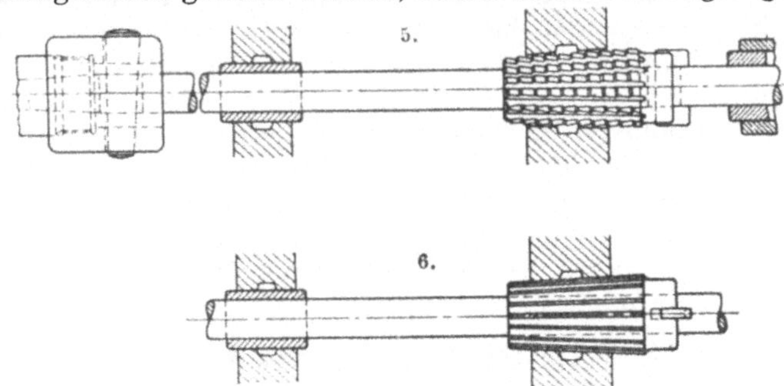

Abb. 208. Beispiel Abschn. 43.

42. Bohren zweier vorgegossener gegenüberliegender Bohrungen in größerer Entfernung auf Waagerechtbohrmaschine (Abb. 207).

1. Arbeitsgang: Mit Führungsbohrstange vor- und nachbohren (jede Bohrung einzeln).
2. Arbeitsgang: Mit Führungsreibahle die erste Bohrung nachreiben.
3.   ,,   Die zweite Bohrung nachreiben.

Sind die Bohrungen gut vorgebohrt, genügt einmaliges Fertigreiben. Beim zweiten Loch führt sich der Reibahlenhalter im ersten Loch.

43. Bohren und Reiben einer zylindrischen und kegeligen Bohrung auf Waagerechtbohrmaschine (Abb. 208).

  1. Arbeitsgang: Beide Bohrungen vorbohren.

  2.   ,,   Die zylindrische Bohrung nachbohren zum Reiben.

  3.   ,,   Die zylindrische Bohrung vorreiben (unter Umständen gleich fertigreiben).

  4. Arbeitsgang: Die zylindrische Bohrung nachreiben (fällt u. U. weg).

  5.   ,,   Die kegelige Bohrung mit Schruppreibahle vorreiben.

  6.   ,,   Die kegelige Bohrung mit Nachreibahle fertigreiben.

III. Schnittkräfte beim Senken und Reiben[1].

A. Allgemeines.

Ebenso wie beim Bohren mit Spiralbohrern dienen auch beim Senken und Reiben als Vergleichsgrößen für die Beanspruchung des Werkzeuges:

1. Die Vorschubkraft V (kg), die beim in die Bohrung eindringenden Werkzeug in Richtung der Achse überwunden werden muß (Abb. 209) sowie

2. das Drehmoment M_d (cmkg), das die Maschinenspindel als drehende Arbeit aufzubringen hat (Abb. 209).

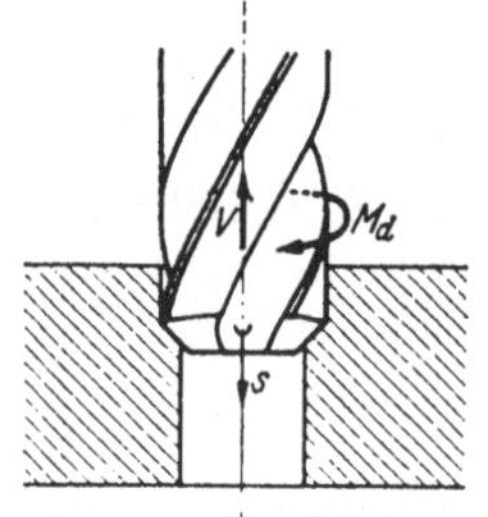

Abb. 209. Schnittkräfte beim Senken (und Reiben).

V und M_d können durch geeignete Meßgeräte (Meßbohrtisch mit hydraulischer oder elektrischer Meßeinrichtung) ermittelt werden und zeigen wegen der Ähnlichkeit aller Zerspanungsvorgänge auch eine gesetzmäßige Abhängigkeit von den Schnittbedingungen wie beim Bohren. Im allgemeinen gilt also: Steigende Spantiefe a (mm) und steigender Vorschub s (mm/U) erhöhen Vorschubkraft V und Drehmoment M_d bei allen Senk- und Reibvorgängen. Steigender Durchmesser d (mm) erhöht das Drehmoment M_d, beeinflußt aber nur wenig die Vorschubkraft V. Infolge der beim Senken und Reiben angewandten kleinen Spanquerschnitte $a \cdot s$ sind die Schnittkräfte an sich niedrig. Sie beanspruchen jedoch die aus baulichen Gründen vielfach schwach gehaltenen Werkzeuge und Mitnahmevorrichtungen schon beträchtlich.

Die Schnittgeschwindigkeit v (m/min) hat keinen wesentlichen Einfluß auf die Schnittkräfte. v kommt also beim Senken und Reiben als Einflußgröße bei den meist eingehaltenen Grenzen von $5 \cdots 20$ m/min praktisch nicht in Betracht. Den folgenden Zahlenangaben liegen Versuche mit einer Schnittgeschwindigkeit von etwa $v = 5 \cdots 10$ m/min zugrunde.

B. Schnittkräfte beim Senken.

Abb. 210 zeigt die Größe der Kräfte bei verschiedenen Spantiefen und ihre Abhängigkeit vom Vorschub s für einen Durchmesser $d = 30$ mm bei zwei Gußeisen- und zwei Stahlsorten. Vergleichsweise sei angeführt, daß bei Leichtmetallen Vorschubdruck und Drehmoment etwa die Hälfte von Gußeisen mit Brinellhärte $H_n = 180$ kg/mm² betragen. Bei Messing und Bronze sind die Drehmomente etwa gleich hoch wie bei Gußeisen mit $H_n = 180$ kg/mm².

---

[1] Bearbeitet von Prof. Dr.-Ing. habil. H. Schallbroch, München.

Mit Ausnahme des Gußeisens liegt im allgemeinen in den verschiedenen Werkstoffgruppen (Stähle, Al-Legierungen, Cu-Legierungen) keine gleichsinnige Steigerung der Schnittkräfte mit steigender Festigkeit vor, wie es beim Drehen und Hobeln der Fall ist.

Für die Werkstatt ist wichtig, daß beim Senken von Messing und Bronze die Vorschubkraft mit steigendem a und s kleiner wird und immer stärker ins Negative gerät. Das Werkzeug bekommt unruhigen Schnitt und droht aus der Spannhülse herausgezogen zu werden. Diese Erscheinung hängt mit der lediglich bei Kupferlegierungen vorliegenden geringen Reibung zwischen ablaufendem Span und der Spanfläche (Drallnut) des Werkzeuges zusammen, wodurch beim Vorhandensein eines Spanwinkels $> 0^0$ (infolge Senkerdralles) negative Kraftkomponenten auftreten (vgl. Gegensatz beim Reiben).

Mit sinkender Zähnezahl (Dreilippensenker gegenüber Vierlippensenker) tritt etwa 30% Verminderung des Vorschubdruckes, dagegen fast keine Veränderung des Drehmomentes ein. Beim Arbeiten mit Schneidflüssigkeiten sind zwar allgemein die Schnittkräfte beim Beginn des Senkens kleiner; indessen treten bei Tieferdringen des Werkzeuges in die Bohrung durch die gleichzeitig sich ergebende Verkleinerung der Lochüberweite leicht „Klemmkräfte" auf, die das Werkzeug stark beanspruchen. Ein Freischleifen der Senkerfasen und kegelige Verjüngung auf der ganzen Fasenlänge ist daher von besonderer Bedeutung.

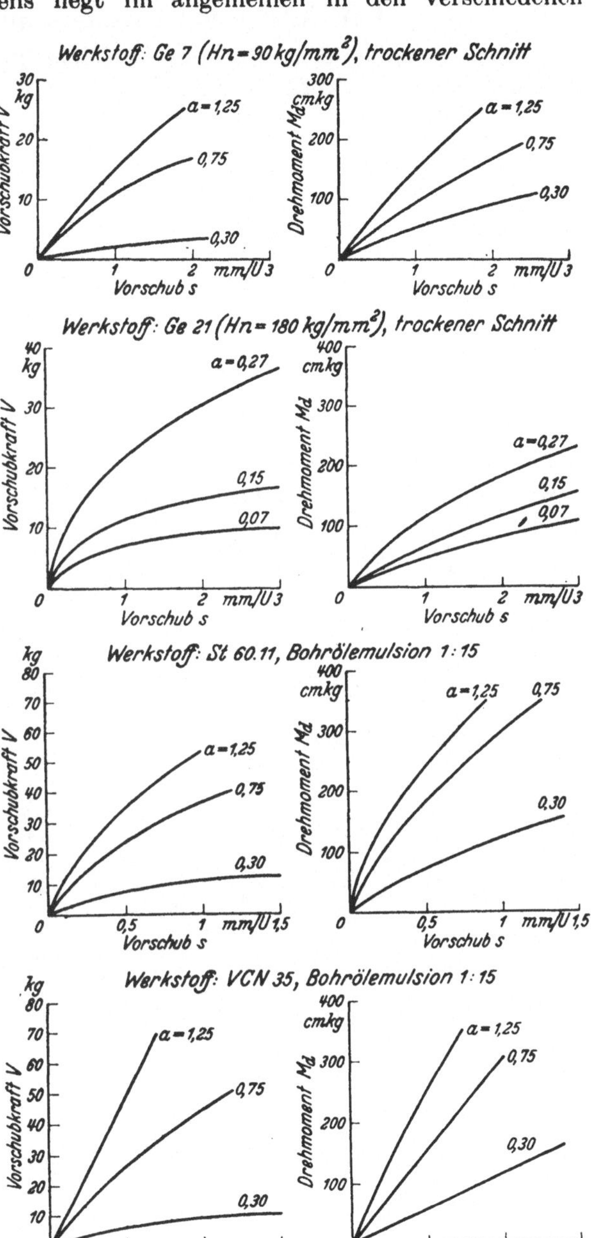

Abb. 210. Schnittkräfte beim Senken in Abhängigkeit vom Vorschub s (a = Spantiefe). Werkzeug: Dreilippensenker nach DIN 345. Durchmesser 30 mm.

C. Schnittkräfte beim Reiben und Reibüberweite.

1. Schnittkräfte. Über die unter üblichen Schnittbedingungen beim Reiben auftretenden Schnittkräfte vermittelt Abb. 211 eine kleine Übersicht für Gußeisen und Stähle.

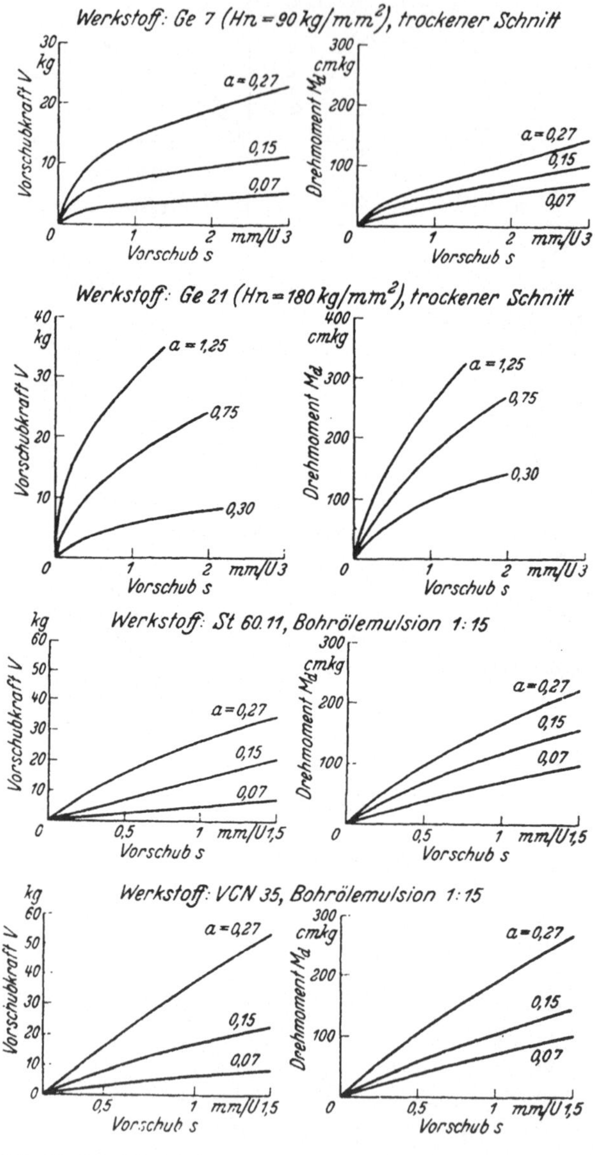

Vergleichsweise läßt sich auch für das Reiben angeben, daß V und M_d bei Aluminium- und Kupferlegierungen etwa die Hälfte der Werte von Gußeisen mit $H_n = 180$ beträgt. Legierungen nach der Art von GBz 14 weisen etwa dreifach höhere Schnittkräfte auf. Beim Reiben von Kupferlegierungen kommen negative Vorschubkräfte nicht vor, weil der Spanwinkel bei Zähnen ohne Drall am Anschnitt 0^0 ist.

Der Einfluß der Zähnezahl prägt sich beim Reiben recht deutlich für alle Metalle aus. Das Heruntergehen von 14 auf 2 Zähne erbrachte etwa $50\cdots70\%$ Herabsetzung der Vorschubkraft und etwa $5\cdots20\%$ Herabsetzung des Drehmomentes. Dies beruht darauf, daß bei geringerer Zähnezahl der Spanquerschnitt weniger stark in Teilspäne zerlegt wird. Trotz kleiner Zähnezahl wird die Oberflächengüte der Lochwand bei den meisten Werkstoffen kaum heruntergesetzt, wenn durch die Bauart der Reibahle (pendelnd und freie Messereinstellung) vorgesorgt ist.

Linksdrall der Zähne, der wegen des ruhigen Schneidens oft angewandt wird, erbringt im Gegensatz zu oft geäußerten Befürchtungen nur unwesentliche Steigerung der Schnittkräfte.

Abb. 211. Schnittkräfte beim Reiben in Abhängigkeit vom Vorschub s (a = Spantiefe).
Werkzeug: Reibahle DIN 219, 12 Zähne, Durchmesser 30 mm.

2. Die Reibüberweite, d. h. Übermaß des geriebenen Loches gegenüber dem Reibahlendurchmesser, verlangt besondere Beachtung; denn während die Senküberweite ohne Belang für die Güte der fertigen Bohrung ist, hängt die Maßhaltigkeit und Glätte des herzustellenden Loches sehr eng mit der Reibüberweite zusammen. Durchmesser, Spantiefe und Vorschub üben keinen sicher zu erfassenden Einfluß auf die Größe der Überweite aus. Es ergab sich dagegen eindeutig ein bemerkenswerter Einfluß verschiedener Kühlmittel. Tabelle 10 gibt eine Zusammenstellung von gefundenen mittleren Versuchswerten. Diese zeigen, daß die Reibüberweite zunächst überhaupt durch die Verwendung eines Kühlmittels in jedem Falle erniedrigt wird. Sodann erscheint bei allen Werkstoffen in ganz unterschiedlicher Weise eine Beeinflussung durch die werkstattüblichen Kühlmittel von verschiedener Viskosität. Während z. B. die Bohrölemulsion bei Eisen- und Kupferlegierungen eine geringere Reibüberweite als die schwerflüssigeren Öle zur Folge hat, ergibt die Emulsion bei den Aluminiumlegierungen größere Reibüberweiten als die Öle.

Tabelle 10. Abhängigkeit der Reibüberweite von der Art des Kühlmittels.
Mittlere Reibüberweiten in μ (= 0,001 mm).

Werkstoff	Trocken	Bohrölemulsion 1 : 15	Öl; 15° Engler (Rüböl)	Öl; 33° Engler (Mineralöl)
Gußeisen, 21 kg/mm² Zugfestigkeit	22	5	7	9
SM-Stahl . . . . St 60.11	18···43[1]	10	17	13
Vergütungsstahl (weich) . VCN 35	26···36[1]	13	19	15
Gußmessing . . . . GMs 63	20	14	14	16
Rotguß . . . . Rg 5	16	12	12	13
Bleizinnbronze . . . . . BlBz 8	13	7	9	11
Gußbronze . . . . GBz 14	14	6	6	7
				Petrol und Terpentin-Mischung 5:4
Reinaluminium	60···80[1]	42	30	12
Silumin . . . . VLW 31	40···60[1]	18	15	9
Lautal . . . . VLW 14	33	23	12	6

Reibahle DIN 219; 30 Dmr.; a = 0,07 mm; s = 0,52 mm/U.

[1] Ungefähre Größenordnung; ein trockenes Reiben dieser Werkstoffe ist wegen Bruchgefahr und Abnutzung des Werkzeuges und wegen des Aufreißens der Lochwand praktisch unausführbar.

Auch aus den weiteren Verschiedenheiten in Tabelle 10 geht hervor, welche Schwierigkeiten bei der Herstellung von passungsgerechten Bohrungen in der Werkstatt entstehen können, wenn Bohrungen mit den gleichen vorgeschriebenen Passungstoleranzen in verschiedenen Werkstoffen hergestellt werden sollen. Mit Hilfe der in der Tabelle 10 dargelegten Werte sind nun die Werkstätten in die Lage versetzt, die Auswahl des Kühlmittels so zu treffen, daß je nach dem Ausfall der Probebohrung eine Vergrößerung oder Verkleinerung des geriebenen Loches bewußt erzielt werden kann, ohne — was in mancher Beziehung unerwünscht ist — die Reibahle verstellen zu müssen. Außerdem kann man auf Grund der Kenntnis über die Einwirkungsmöglichkeit auf die Reibüberweite eine Verlängerung der Werkzeugbenutzungsdauer dadurch erzielen, daß die für eine bestimmte Bohrungsgröße zugestellten Reibahlen zunächst bei solchen Werkstoffen und mit solchen Kühlmitteln verwendet werden, die kleine Reibüberweiten ergeben. Ist die Reibahle später im Durchmesser abgenutzt, so kann sie für den gleichen Toleranzbereich bei anderen Werkstoffen oder mit anderen Kühlmitteln weiter benutzt werden, bei denen größere Überweiten zu erwarten sind.

Eine für Passungsbohrungen als gut brauchbar anzusehende Oberflächengüte wird bei Reibüberweiten von durchschnittlich 15 μ abwärts erreicht. Mit weiter abnehmender Überweite steigert sich die Oberflächengüte sichtlich; indessen werden hierbei auch stärkere Klemmkräfte auftreten, die sehr unerwünscht sind, weil durch zuweilen hierbei plötzlich auftretende größere Kräfte die Gefahr des Bruches der sehr empfindlichen und teueren Werkzeuge herbeigeführt wird. Die Auswirkungen zeigen sich daher bei allen Metallen etwa in folgender Zuordnung:

Reibüberweite	Klemmkräfte	Oberflächen- güte
groß	nicht vorhanden	ausreichend
mittel	mäßig	gut
klein	groß	sehr gut

Im praktischen Betriebe wird man demnach die Auswahl der Kühlmittel und Schnittbedingungen je nach den Anforderungen des vorliegenden Falles zu treffen haben.

SPRINGER-VERLAG / BERLIN / GÖTTINGEN / HEIDELBERG

Werkstattbücher

für Betriebsbeamte, Konstrukteure und Facharbeiter
Herausgeber: Dr.-Ing. H. Haake, Hamburg

Zur Zeit sind die folgenden Hefte über spangebende Formung lieferbar oder in Vorbereitung:

1. Heft: **Gewindeschneiden.** Von **O. M. Müller.** Fünfte Auflage. Mit 182 Abbildungen im Text. 56 Seiten. 1949   DMark 3.60

4. Heft: **Wechselräderberechnung für Drehbänke.** Von E. Mayer. Sechste, verbesserte Auflage. Mit 12 Abbildungen im Text. Etwa 64 Seiten. (In Vorbereitung)   DMark 3.60

5. Heft: **Das Schleifen und Polieren der Metalle.** Von O. Werkmeister. Vierte, umgearbeitete Auflage des zuerst von B. Buxbaum verfaßten Heftes. Mit 3 Textabbildungen. 64 Seiten. 1947   DMark 3.60

22. Heft: **Die Fräser.** Ihre Konstruktion und Herstellung. Von E. Brödner. Vierte, berichtigte Auflage. Mit 144 Abbildungen im Text. 64 Seiten. 1948   DMark 3.60

26. Heft: **Innenräumen.** Von L. Knoll †. Dritte, völlig umgearbeitete und erweiterte Auflage von A. Schatz. Mit etwa 112 Abbildungen im Text. Etwa 64 Seiten. (In Vorbereitung)   DMark 3.60

61. Heft: **Die Zerspanbarkeit der Werkstoffe.** Von K. Krekeler. Dritte, verbesserte Auflage. Mit 70 Abbildungen und zahlreichen Tabellen im Text. 64 Seiten. 1949.   DMark 3.60

71. Heft: **Die wirtschaftliche Verwendung von Mehrspindelautomaten.** Von H. H. Finkelnburg. Zweite, erweiterte Auflage. Mit 68 Abbildungen im Text. 56 Seiten. 1949   DMark 3.60

78. Heft: **Maschinen und Werkzeuge für die spangebende Holzbearbeitung.** Von H. Wichmann. Zweite, erweiterte Auflage. Mit etwa 127 Abbildungen im Text. Etwa 64 Seiten. (In Vorbereitung)   DMark 3.60

81. Heft: **Die wirtschaftliche Verwendung von Einspindelautomaten.** Von H. H. Finkelnburg. Zweite, erweiterte Auflage. Mit 90 Abbildungen und 11 Tabellen im Text. 60 Seiten. 1949   DMark 3.60

88. Heft: **Das Fräsen.** Von H. H. Klein. Zweite Auflage. Mit 136 Abbildungen und 29 Tabellen im Text. 67 Seiten. 1948   DMark 3.60

94. Heft: **Werkzeugschleifen.** Von A. Rottler. Mit 134 Abbildungen im Text. 60 Seiten. 1949   DMark 3.60

97. Heft: **Spitzenloses Schleifen.** Von W. Hofmann. Mit 99 Abbildungen im Text. 54 Seiten. 1950   DMark 3.60

Ein Prospekt über weitere lieferbare oder in Vorbereitung befindliche Hefte steht zur Verfügung

SPRINGER-VERLAG / BERLIN / GÖTTINGEN / HEIDELBERG

Bohren. Von **J. Dinnebier.** V i e r t e , verbesserte Auflage. (Werkstattbücher für Betriebs-
beamte, Konstrukteure und Facharbeiter. Herausgeber: Dr.-Ing. H. Haake, Hamburg,
Heft 15.) Mit etwa 181 Abbildungen im Text. Etwa 64 Seiten. (In Vorbereitung)
DMark 3.60

Schnitt-, Stanz- und Ziehwerkzeuge. Unter besonderer Berücksichtigung der Werk-
zeugstähle und Normung mit zahlreichen Konstruktions- und Berechnungsbeispielen.
Von Dozent Dr.-Ing. habil. **Gerhard Oehler** und Oberingenieur **Fritz Kaiser.** Mit 226 Abbildungen. VII, 272 Seiten. 1949. Ganzleinen DMark 18.—

Praktische Stanzerei. Ein Buch für Betrieb und Büro mit Aufgaben und Lösungen.
Von **Eugen Kaczmarek,** Dozent an der Ingenieurschule Gauß, Berlin. D r i t t e , erweiterte und verbesserte Auflage.

E r s t e r B a n d : **Schneiden und Stanzen** mit den dazugehörenden Werkzeugen und Maschinen. Mit 209 Textabbildungen. VIII, 176 Seiten. 1949. DMark 13.50

Z w e i t e r B a n d : **Ziehen, Hohlstanzen, Pressen, automatische Zuführ-Vorrichtungen.**
Mit 175 Textabbildungen. VII, 165 Seiten. 1949. DMark 13.50

Die Blechabwicklungen. Eine Sammlung praktischer Verfahren, zusammengestellt von
Ing. **Johann Jaschke.** F ü n f z e h n t e , vermehrte und verbesserte Auflage. Mit 326 Abbildungen im Text und auf einer Tafel. IV, 100 Seiten. 1949. DMark 4.80

Toleranzen und Lehren. Von Dr.-Ing. **Paul Leinweber.** F ü n f t e Auflage. Mit 147 Abbildungen im Text. VI, 138 Seiten. 1948. DMark 8.40

Werkstückspanner. (Vorrichtungen.) Von **Karl Schreyer,** Oberingenieur in Berlin. Mit
1100 Bildern und 22 Tafeln im Text. VIII, 382 Seiten. Ganzleinen DMark 36.—

Klingelnberg Technisches Hilfsbuch. Herausgegeben von Baurat Dipl.-Ing. **Ernst
Preger** †, Frankfurt a. M., und Dipl.-Ing. **Rudolf Reindl,** Jena. Z w ö l f t e , überarbeitete
Auflage von Schuchardt & Schüttes Technisches Hilfsbuch. Mit zahlreichen Abbildungen
und Zahlentafeln. VIII, 762 Seiten. 1944. DMark 15.—; gebunden DMark 18.—

Werkstattstechnik und Maschinenbau. Zeitschrift für Fertigung im Maschinenbau,
Apparatebau und Feinmechanik. Organ der Arbeitsgemeinschaft Deutscher Betriebs-
ingenieure im VDI. Herausgeber: Professor Dr.-Ing. **O. Kienzle.** Monatlich ein Heft im
Umfang von 32 Seiten DIN A 4. 40. Jahrgang, 1950. Halbjährlich (6 Hefte) DMark 10.—

Zu beziehen durch jede Buchhandlung

(Fortsetzung 4. Umschlagseite.)